高职高专"十三五"规划教材·通信类

PTN 技术与应用

主　编　赵靖哲　龚佑红　杜文龙

主　审　陈晓刚

U0378505

西安电子科技大学出版社

内 容 简 介

PTN 是 Packet Transport Network 的缩写，指分组传送网络。PTN 网络是基于分组交换的，也是面向连接的，它可以承载以太网业务，也可以兼容传统的 TDM、ATM 业务。

本书主要内容分为三个模块：模块一为 PTN 技术篇，主要介绍 PTN 的定义和发展背景、技术特点和关键技术等；模块二为 PTN 设备篇，主要介绍华为公司设备的硬件结构、单板功能和技术参数等；模块三为 PTN 配置篇，主要介绍相关业务配置。

本书可以作为高职高专院校通信及信息类专业或相近专业学生的教材，也可以作为相关工程技术人员的技术参考书。

图书在版编目（CIP）数据

PTN 技术与应用 / 赵靖哲等主编. —西安：西安电子科技大学出版社，2018.7
ISBN 978-7-5606-4946-7

Ⅰ.① P…　Ⅱ.① 赵…　Ⅲ.① 光纤网—网络传输技术　Ⅳ.① TN818

中国版本图书馆 CIP 数据核字（2018）第 126610 号

策划编辑　高樱
责任编辑　黄菡　阎彬
出版发行　西安电子科技大学出版社（西安市太白南路 2 号）
电　　话　(029)88242885　88201467　　　　邮　编　710071
网　　址　www.xduph.com　　　　　　电子邮箱　xdupfxb001@163.com
经　　销　新华书店
印刷单位　陕西利达印务有限责任公司
版　　次　2018 年 7 月第 1 版　　2018 年 7 月第 1 次印刷
开　　本　787 毫米×1092 毫米　1/16　印张　11.5
字　　数　227 千字
印　　数　1～3000 册
定　　价　27.00 元
ISBN 978 – 7 – 5606 – 4946 – 7 / TN
XDUP　5248001-1
＊＊＊ 如有印装问题可调换 ＊＊＊

前　言

随着电信网络和业务向分组化演进，出现了分组传送网(PTN)的概念。目前，主流的分组传送网(Packet Transport Network，PTN)技术有两种，分别是 MPLS(T-MPLS)和 PBT/PBB-TE。PTN 是在以 IP 为内核、以太网为外部表现形式的业务层和光传输媒质之间设置的一个层面，针对分组业务流量的突发性和统计复用传送的要求而设计，以分组业务为核心并支持多业务提供，具有较低的总使用成本，同时秉承光传输的传统优势，具有高可用性、可扩展性和可靠性，高效的带宽管理机制和流量工程，便捷的 OAM 和网管，较高的安全性等。

本书首先讨论 PTN 技术的主要特征及应用场景，然后介绍华为主流 PTN 设备的结构及功能特点，最后以任务为导向介绍 PTN LTE 承载 VLL 业务配置方案。

本书分为三个模块，模块一包括 PTN 概述、PWE3 技术、T-MPLS 总体框架、PTN 关键技术、T-MPLS 网络接口与 DCN 通道、T-MPLS 网络管理与应用等内容；模块二介绍了 PTN 主流设备，包括华为 PTN 960 的产品定位和特点及系统结构，PTN 3900 概述、功能及特性、系统结构等知识；模块三主要介绍 PTN 业务配置方法，包括 PTN LTE 承载 VLL 组网需求、配置流程、基础配置、配置 Tunnel 及保护、配置 ICB 通道、配置汇聚核心节点间 MC-LAG、配置静态 L3VPN 及保护、配置 E-Line 业务及保护、模拟测试端到端 LTE 业务等知识。读者可以通过本书的学习掌握 PTN 的基础理论知识和 PTN 业务的配置方法。

本书由赵靖哲、龚佑红、杜文龙担任主编，陈晓刚担任主审。赵靖哲负责模块一的编写，龚佑红负责模块二的编写，杜文龙负责模块三的编写。

本书在编写过程中得到了淮安信息职业技术学院领导的大力支持，也得到了南京嘉环科技有限公司同仁的帮助，在此表示由衷的感谢。

由于编者水平有限，书中难免存在不足和疏漏之处，恳请广大读者批评指正。

编　者

2018 年 2 月

目　录

模块一　PTN 技术篇

模块二 PTN 设备篇

模块三 PTN 配置篇

模块一

PTN 技术篇

第1章

PTN 概 述

1.1　PTN 的定义

第 1 章　PTN 概述

分组传送网(Packet Transport Network，PTN)是指这样一种传送网络架构和具体技术：

(1) 在 IP(Internet Protocol)业务和底层光传输媒质之间设置了一个层面，该层面针对分组业务流量的突发性和统计复用传送的要求而设计。

(2) 以分组为内核，实现多业务承载。

(3) 具有更低的总体拥有成本(Total Cost of Ownership，TCO)。

(4) 秉承光传输的传统优势，包括以下几点：

① 高可用性和可靠性；

② 高效的带宽管理机制和流量工程；

③ 便捷的 OAM(Operation, Administration and Maintenance)和网管；

④ 高可扩展性；

⑤ 较高的安全性。

1.2　PTN 的发展背景

1.2.1　现有传送网的弊端

新兴数据业务的迅速发展和带宽的不断增长、无线业务的 IP 化演进、商业客户的 VPN(Virtual Private Network)业务的广泛应用，对承载网的带宽、调度、灵活性、成本和质量等综合要求越来越高。传统的 SDH(Synchronous Digital Hierarchy)网络存在成本过高、带宽利用率低、不够灵活的弊端，使运营商陷入占用大量带宽的数据业务的微薄收入与高昂的网络建设维护成本的矛盾之中。同时，传统的非连接特性的 IP 网络和产品又难以严格保证重要业务的传送质量和性能，已不能适应电信级业务的承载。现有传送网的弊端如下：

(1) TDM(Time Division Multiplex)业务的应用范围正在逐渐缩小。

(2) 随着数据业务的不断增加，基于 MSTP(Multi-Service Transport Platform)设备的数据交换能力难以满足需求。

(3) 业务的突发特性加大，MSTP 设备的刚性传送管道将导致承载效率的降低。

(4) 随着对业务电信级要求的不断提高，传统的基于以太网、MPLS(Multi-Protocol Label Switching)、ATM(Asynchronous Transfer Mode)等技术的网络不能同时满足网络在 QoS(Quality of Service)、可靠性、可扩展性、OAM 和时钟同步方面的需求。

综上所述，运营商急需一种可融合传统语音业务和电信级业务要求、低 OPEX(Operating Expenditure)和 CAPEX(Capital Expenditure)的 IP 传送网，构建智能化、可融合、宽带、综合的面向未来和可持续发展的电信级网络。

1.2.2 PTN 的产生

在电信业务 IP 化趋势的推动下，传送网承载的业务从以 TDM 为主向以 IP 为主转变，这些业务不但包括固网数据，还包括移动业务数据。而目前的传送网呈现的是 SDH/MSTP、以太网交换机、路由器等多个网络分别承载不同业务并各自维护的局面，难以满足多业务统一承载和降低运营成本的发展需求。因此，传送网需要采用灵活、高效和低成本的分组传送平台来实现全业务统一承载和网络融合，分组传送平台(PTN)由此应运而生。

以 T-MPLS(Transport Multi-Protocol Label Switching)为代表的 PTN 设备，作为 IP/MPLS 或以太网承载技术和传送网技术相结合的产物，是目前 CE(Carrier Ethernet)的最佳实现技术之一，具有以下特征：

(1) 面向连接。

(2) 利用分组交换核心实现分组业务的高效传送。

(3) 可以较好地实现电信级以太网(CE)业务的五个基本属性：

① 标准化的业务；

② 可扩展性；

③ 高可靠性；

④ 严格的 QoS；

⑤ 运营级别的 OAM。

1.3　PTN 的特点

PTN 是 IP/MPLS、以太网和传送网三种技术相结合的产物，具有面向连接的传送特征，适用于承载电信运营商的无线回传网络、以太网专线、L2VPN 以及 IPTV(Internet Protocol Television)等高品质的多媒体数据业务。

PTN 具有以下特点：

(1) 基于全 IP 分组内核。

(2) 秉承 SDH 端到端连接、高性能、高可靠、易部署和维护的传送理念。

(3) 保持传统 SDH 优异的网络管理能力和良好体验。

(4) 融合 IP 业务的灵活性和统计复用、高带宽、高性能、可扩展的特性。

(5) 具有分层的网络体系架构。传送层划分为段、通道和电路等各个层面，每一层的功能定义完善，各层之间的相互接口关系明确清晰，使得网络具有较强的扩展性，适合大规模组网。

(6) 采用优化的面向连接的增强以太网、IP/MPLS 传送技术，通过 PWE3 仿真适配多业务承载，包括以太网帧、MPLS(IP)、ATM、PDH、FR(Frame Relay)等。

(7) 为 L3(Layer 3)/L2(Layer 2)乃至 L1(Layer 1)用户提供符合 IP 流量特征且优化的传送层服务，可以构建在各种光网络、L1、以太网物理层之上。

(8) 具有电信级的 OAM 能力，支持多层次的 OAM 及其嵌套，为业务提供故障管理和性能管理。

(9) 提供完善的 QoS 保障能力，将 SDH、ATM 和 IP 技术中的带宽保证、优先级划分、同步等技术结合起来，实现承载在 IP 之上的 QoS 敏感业务的有效传送。

(10) 提供端到端(跨环)业务的保护。

1.4　PTN 的网络应用

1.4.1　PTN 的网络定位

PTN 技术主要定位于城域的汇聚接入层，其在网络中的定位主要满足以下需求：

(1) 多业务承载，包括无线基站回传的 TDM/ATM 以及今后的以太网业务、企事业单位和家庭用户的以太网业务。

(2) 业务模型。城域的业务流向大多是从业务接入节点到核心/汇聚层的业务控制和交换节点，为点到点(P2P)和点到多点(P2MP)汇聚模型，业务路由相对确定，因此中间节点不需要路由功能。

(3) 严格的 QoS。TDM/ATM 和高等级数据业务需要低时延、低抖动和高带宽保证，而宽带数据业务峰值流量大且突发性强，要求具有流分类、带宽管理、优先级调度和拥塞控制等 QoS 能力。

(4) 电信级可靠性。需要可靠的、面向连接的电信级承载，提供端到端的 OAM 能力和网络快速保护能力。

(5) 网络扩展性。在城域范围内业务分布密集且广泛，要求具有较强的网络扩展性。

(6) 网络成本控制。大中型城市现有的传送网都具有几千个业务接入点和上百个业务汇聚节点，因此要求网络具有低成本、可统一管理和易维护的优势。

1.4.2 PTN 的组网应用

PTN 主要用于城域接入汇聚和核心网的高速转发。

1. 移动 BACKHAUL 业务承载

PTN 针对移动 2G/3G 业务，提供丰富的业务接口 TDM/ATM/IMA E1/STM-n/POS/FE/GE，通过 PWE3 伪线仿真接入 TDM、ATM、Ethernet 业务，并将业务传送至移动核心网一侧，如图 1-1 所示。

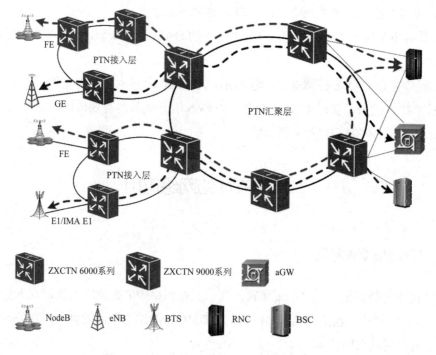

图 1-1 PTN 移动 BACKHAUL 应用示意图

2. 核心网高速转发

PTN 在核心网高速转发的应用如图 1-2 所示。

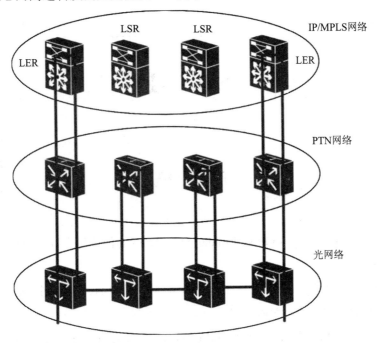

图 1-2　PTN 在核心网高速转发的应用示意图

核心网由 **IP/MPLS** 路由器组成，对于中间路由器 **LSR**(Label Switched Router)，其完成的功能是对 **IP** 包进行转发，其转发是基于三层的，协议处理复杂，可以用 PTN 来完成 LSR 分组转发的功能，因为 PTN 是基于二层进行转发的，协议处理层次低，转发效率高。基于 **IP/MPLS** 的承载网对带宽和光缆消耗严重，其面临着路由器不断扩容、网络保护、故障定位、故障快速恢复、操作维护等方面的压力；而 PTN 网络能够很好地解决这些问题，提高链路的利用率，使网络建设成本显著降低。

第2章

PWE3 技术

2.1 PWE3 概述

第 2 章 PWE3 概述

PWE3(Pseudo Wire Edge to Edge Emulation，端到端的伪线仿真)是一种端到端的二层业务承载技术，其特点如下：

(1) PWE3 在 PTN 网络中可以真实地模仿 ATM、帧中继、以太网、低速 TDM 电路和 SONET/SDH 等业务的基本行为和特征。

(2) PWE3 以 LDP(Label Distribution Protocol)为信令协议，通过隧道(如 MPLS 隧道)模拟 CE(Customer Edge)端的各种二层业务，如各种二层数据报文、比特流等，使 CE 端的二层数据在网络中透明传递。

(3) PWE3 可以将传统的网络与分组交换网络连接起来，实现资源共享和网络的拓展。

2.2 PWE3 原理

PW 是一种通过分组交换网(PSN)把一个承载业务的关键要素从一个 PE(Provider Edge，运营商边缘设备)运载到另一个或多个 PE 的机制。通过 PSN 网络上的一个隧道 (IP/L2TP/MPLS)对多种业务(ATM、FR、HDLC、PPP、TDM、Ethernet)进行仿真，PSN 可以传输多种业务的数据净荷，这种方案里使用的隧道定义为伪线(Pseudo Wire)。

PW 所承载的内部数据业务对核心网络是不可见的，从用户的角度来看，可以认为 PWE3 模拟的虚拟线是一种专用的链路或电路。PE1 接入 TDM/IMA/FE 业务，将各业务进行 PWE3 封装，以 PSN 网络的隧道作为传送通道传送到对端 PE2，PE2 将各业务进行 PWE3 解封装，还原出 TDM/IMA/FE 业务。

PWE3 的数据封装过程如图 2-1 所示。

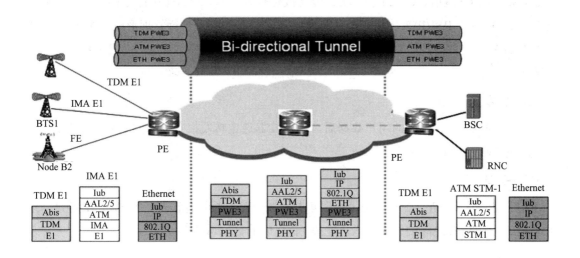

图 2-1　PWE3 的数据封装过程

2.3　PWE3 业务网络基本要素

PWE3 业务网络的基本传输构件包括：

(1) 接入链路(Attachment Circuit，AC)；

(2) 伪线(Pseudo Wire，PW)；

(3) 转发器(Forwarders)；

(4) 隧道(Tunnels)；

(5) 封装(Encapsulation)；

(6) PW 信令(Pseudowire Signaling)协议；

(7) 服务质量(Quality of Service)。

下面详细解释 PWE3 业务网络基本传输构件的含义及作用。

1．接入链路

接入链路是指终端设备到承载接入设备之间的链路，或 CE 到 PE 之间的链路。AC 上的用户数据可根据需要透传到对端 AC(透传模式)；或者根据需要在 PE 上进行解封装处理，将 Payload 解出再进行封装后传输(终结模式)。

2．伪线

伪线也可以称为虚连接，简单地说，就是 VC(Virtual Circuit，虚电路)加隧道，隧道可以是 LSP、L2TP 隧道、GRE 或者 TE。虚连接是有方向的，PWE3 中虚连接的建立需要通过信令(LDP 或者 RSVP)来传递 VC 信息，将 VC 信息和隧道进行管理形成一个 PW。PW 对于 PWE3 系统来说，就像一条本地 AC 到对端 AC 之间的直连通道，完成用户的二层数据透传。

3．转发器

PE 收到 AC 上传送来的用户数据后，由转发器选定转发报文使用的 PW，而转发器事实上就是 PWE3 的转发表。

4．隧道

隧道用于承载 PW，一条隧道上可以承载一条 PW，也可以承载多条 PW。隧道是一条本地 PE 与对端 PE 之间的直连通道，完成 PE 之间的数据透传。

5．封装

PW 上传输的报文使用标准的 PW 封装格式和技术。PW 上的 PWE3 报文封装有多种，在 draft-ietf-pwe3-iana-allocation-x 中有具体的定义。

6．PW 信令协议

PW 信令协议是 PWE3 的实现基础，用于创建和维护 PW。目前，PW 信令协议主要有 LDP 和 RSVP。

7．服务质量

根据用户二层报文头的优先级信息映射成在公用网络上传输的 QoS 优先级来转发。

2.4 报 文 转 发

PWE3 建立的是一个点到点通道，通道之间互相隔离，用户二层报文在 PW 间透传。

(1) 对于 PE 设备，PW 连接建立后，用户接入接口(AC)和虚链路(PW)的映射关系就已经完全确定了。

(2) 对于 P 设备，只需要完成依据 MPLS 标签进行 MPLS 转发即可，不关注 MPLS 报文内部封装的二层用户报文。

下面以 CE1 到 CE2 的 VPN1 报文流向为例，说明基本数据流走向。

如图 2-2 所示，CE1 上送二层报文，通过 AC 接入 PE1，PE1 收到报文后，由转发器选定转发报文的 PW，系统再根据 PW 的转发表项加入 PW 标签，并送到外层隧道，经公网隧道到达 PE2 后，PE2 利用 PW 标签转发报文到相应的 AC，将报文最终送达 CE2。

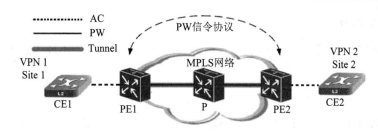

图 2-2　报文转发示意图

2.5　业　务　仿　真

2.5.1　TDM 业务仿真

TDM 业务仿真的基本思想就是在分组交换网络上搭建一个"通道"，在其中实现 TDM 电路(如 E1 或 T1)，从而使网络任一端的 TDM 设备不必关注其所连接的网络是否是一个 TDM 网络。分组交换网络被用来仿真 TDM 电路的行为称为"电路仿真"。

TDM 业务仿真示意如图 2-3 所示。

图 2-3　TDM 业务仿真示意图

TDM 业务仿真的技术标准包括：

1．SAToP(Structured Agnostic TDM-over-Packet)

SAToP 方式不关注 TDM 信号(E1、E3 等)采用的具体结构，而是把数据看做给定速率的纯比特流，这些比特流被封装成数据包后在伪线上传送。

2．结构化的基于分组的 TDM(Structure-Aware TDM-Over-Packet)

结构化的基于分组的 TDM 方式提供了与 n×DS0 TDM 信令封装结构有关的分组网络在伪线传送的方法，支持 DS0(64K)级的疏导和交叉连接应用，这种方式降低了分组网上丢包对数据的影响。

3. TDM over IP

TDM over IP 即所谓的"AALx"模式，这种模式利用基于 ATM 技术的方法将 TDM 数据封装到数据包中。

1) 结构化与非结构化

下面以 TDM 业务应用最常见的 E1 业务为例来说明非结构化业务和结构化业务。

(1) 对于非结构化业务，将整个 E1 作为一个整体来对待，不对 E1 的时隙进行解析，把整个 E1 的 2M 比特流作为需要传输的 Payload 净荷，以 256 bit(32 Byte)为一个基本净荷单元的业务处理，即必须以 E1 帧长的整数倍来处理，净荷加上 VC、隧道封装，经过承载网络传送到对端，去掉 VC、隧道封装，将 2 M 比特流还原，映射到相应的 E1 通道上，就完成了传送过程，如图 2-4 所示。

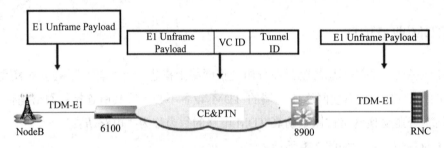

图 2-4 TDM 非结构化传送示意图

(2) 对于结构化 E1 业务，需要对时隙进行解析，只需要对有业务数据流的时隙进行传送，实际可以看成 n×64K 业务，对于没有业务数据流的时隙可以不传送，这样可以节省带宽。此时是从时隙映射到隧道，可以是多个 E1 的时隙映射到一条 PW 上，也可以是一个 E1 的时隙映射到一条 PW 上，还可以是一个 E1 上的不同时隙映射到不同的多个 PW 上，要根据时隙的业务需要进行灵活配置，如图 2-5 所示。

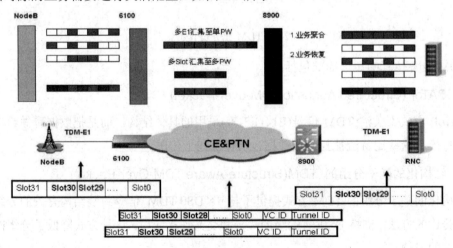

图 2-5 TDM 结构化传送示意图

2) 时钟同步

TDM 业务对于时钟同步有严格要求,如果时钟同步无法保障,那么传输质量就会下降,从而影响业务质量,一般来说,时钟同步的实现有以下几种方式。

(1) 自适应时钟。

采用自适应包恢复算法在 PW 报文出口通过时间窗平滑和自适应算法来提取同步定时信息,使重建的 TDM 业务数据流获得一个与发送端大致同步的业务数据流。该方法同步精度比较低,尤其在网络动荡比较多的情况下,难以满足高精度时钟同步要求的业务需求。

(2) 包交换网同步技术。

采用同步以太网、IEEE1588 等时钟技术来传输时钟,目前精度方面已经有很大的提高,在全网支持的情况下可以满足时钟精度要求,其标准还在进一步发展,重点是在穿越原有网络的情况下如何保证时钟精度。

(3) 外时钟同步技术。

PWE3 TDM 电路仿真通道只负责传送业务数据,同步定时信息依靠另外的同步定时系统来传送,例如 GPS 系统传送时钟或者同步时钟网传送时钟,两端用户/网络设备分别锁定外同步时钟。

3) 延时与抖动

TDM 业务对于数据流的延时与抖动有严格的要求,而 TDM 业务流采用 PWE3 方式穿越 PSN 网络时,不可避免地会引入延时与抖动。延时主要有封装延时、业务处理延时、网络传送延时。

(1) 封装延时是 TDM 数据流被封装为 PW 报文引入的延时,这是 TDM 电路仿真技术特有的延时。以 E1 为例,E1 的速率是 2.048 Mb/s,每帧包含 32 个时隙共 256 bit,每秒传输 8000 帧,每帧持续时间为 0.125 ms,如果采用结构化的封装方式每 4 帧封装为 1 个 PW 数据包,则封装 1 个 PW 数据包需要的封包延时是 4×0.125 ms=0.5 ms。PW 内封装数据帧的数量越多,封装延时就越大;但是封装数据帧的数量少又要增加带宽开销,如何平衡需要根据网络情况和业务要求综合考虑。

(2) 业务处理延时是设备进行报文处理的时间,包括报文合法性检查、报文过滤、校验和计算、报文封装和收发等。这部分延时与设备业务处理能力有关,对于某个设备是基本固定不变的。

(3) 网络传送延时是指 PW 报文从入口 PE 经过包交换网络到达出口 PE 所经历的延时,这部分延时随网络拓扑结构以及网络业务流量不同变化很大,而且这部分延时也是引入业务抖动的主要原因。目前采用抖动缓存技术可以吸收抖动,但是吸收抖动又会造成延时加大。T 缓存深度与延时也是一个平衡的关系,同样需要根据网络状况和业务需求综合考量。

2.5.2 ATM 业务仿真

ATM 业务仿真通过在分组传送网 PE 节点上提供 ATM 接口接入 ATM 业务流量，然后将 ATM 业务进行 PWE3 封装，最后映射到隧道中进行传输。节点利用外层隧道标签转发到目的节点，从而实现 ATM 业务流量的透明传输。

对于 ATM 业务在 IP 承载网上有两种处理方式：

1. 隧道透传模式

隧道透传模式类似于非结构化 E1 的处理，将 ATM 业务整体作为净荷，不解析内容，加上 VC、隧道封装后，通过承载网传送到对端，再对点进行解 VC、隧道封装，还原出完整的 ATM 数据流，交由对端设备处理。

隧道透传可以区分为：

(1) 基于 VP 的隧道透传(ATM VP 连接作为整体净荷)；

(2) 基于 VC 的隧道透传(ATM VC 连接作为整体净荷)；

(3) 基于端口的隧道透传(ATM 端口作为整体净荷)。

在隧道透传模式下，ATM 数据到伪线的映射有两类不同的方式：

1) N：1 映射

N：1 映射支持多个 VCC 或者 VPC 映射到单一的伪线，即允许多个不同的 ATM 虚连接的信元封装到同一个 PW 中。这种方式可以避免建立大量的 PW，节省接入设备与对端设备的资源，同时，通过信元的串接封装提高了分组网络带宽利用率。

2) 1：1 映射

1：1 映射支持单一的 VCC 或者 VPC 数据封装到单一的伪线中。采用这种方式，建立了伪线和 VCC 或者 VPC 之间一一对应的关系，在对接入的 ATM 信元进行封装时，可以不添加信元的 VCI 或者 VPI 字段，在对端根据伪线和 VCC 或者 VPC 的对应关系恢复出封装前的信元，完成 ATM 数据的透传。这样，再辅以多个信元串接封装可以进一步节省分组网络的带宽。

2. 终结模式

AAL5，即 ATM 适配层 5，支持面向连接的 VBR 业务。它主要用于在 ATM 网及 LANE 上传输标准的 IP 业务，将应用层的数据帧分段重组形成适合在 ATM 网络上传送的 ATM 信元。

AAL5 采用了 SEAL 技术，并且是目前 AAL 推荐中最简单的一个。AAL5 提供低带宽开销和更为简单的处理需求以获得简化的带宽性能和错误恢复能力。

ATM PWE3 处理的终结模式对应于 AAL5 净荷虚通道连接(VCC)业务，它是把一条 AAL5 VCC 的净荷映射到一条 PW 的业务。

2.5.3 以太网业务仿真

PWE3 对以太网业务的仿真与 TDM 业务和 ATM 业务类似，下面分别按上行业务方向和下行业务方向介绍 PWE3 对以太网业务的仿真。

1. 上行业务方向

在上行业务方向，按照以下顺序处理接入的以太网数据信号：

(1) 物理接口接收到以太网数据信号，提取以太网帧，区分以太网业务类型，并将帧信号发送到业务处理层的以太网交换模块进行处理。

(2) 业务处理层根据客户层标签确定封装方式，如果客户层标签是 PW，将由伪线处理层完成 PWE3 封装，如果客户层标签是 SVLAN，将由业务处理层完成 SVLAN 标签的处理。

(3) 伪线处理层对客户报文业务进行伪线封装(包括控制字)后上传至隧道处理层。

(4) 隧道处理层对 PW 进行隧道封装，完成 PW 到隧道的映射。

(5) 链路传送层为隧道报文封装上段层封装后发送出去。

2. 下行业务方向

在下行业务方向，按照以下顺序处理接入的网络信号：

(1) 链路传送层接收到网络侧信号，识别端口进来的隧道报文或以太网帧。

(2) 隧道处理层剥离隧道标签，恢复出 PWE3 报文。

(3) 伪线处理层剥离伪线标签，恢复出客户业务，下行至业务处理层。

(4) 业务处理层根据 UNI 或 UNI+CEVLAN 确定最小 MFDFR 并进行时钟、OAM 和 QoS 的处理。

(5) 物理接口层接收由业务处理层的以太网交换模块送来的以太网帧，通过对应的物理接口发往用户设备。

第 3 章

T-MPLS 总体框架

3.1 T-MPLS 定义

第 3 章 T-MPLS 总体框架

T-MPLS 是国际电信联盟(ITU-T)标准化的一种分组传送网(PTN)技术,其特点如下:

(1) T-MPLS 解决了传统 SDH 在以分组交换为主的网络环境中效率低下的缺点。

(2) T-MPLS 是借鉴 MPLS 技术发展而来的一种传送技术,其数据是基于 T-MPLS 标签进行转发的。

(3) T-MPLS 是面向连接的技术。

(4) T-MPLS 是吸收了 MPLS/PWE3(基于标签转发/多业务支持)和 TDM/OTN(良好的操作维护和快速保护倒换)技术的优点的通用分组传送技术。

(5) T-MPLS 可以承载 IP、以太网、ATM、TDM 等业务,其不仅可以承载在 PDH/SDH/OTH 物理层上,还可以承载在以太网物理层上。

(6) T-MPLS = MPLS + OAM − IP。

T-MPLS 是 MPLS 在传送网中的应用,它对 MPLS 数据转发面的某些复杂功能进行了简化,去掉了基于 IP 的无连接转发特性,增加了传送风格的面向连接的 OAM 和保护恢复的功能,并将 ASON/GMPLS 作为其控制平面。

3.2 T-MPLS 网络中数据的转发

利用网络管理系统或者动态的控制平面(ASON/GMPLS),建立从 PE1 经过 P 节点的到 PE2 的 T-MPLS 双层标签转发路径(LSP),包括通道层和通路层,通道层仿真客户信号的特征并指示连接特征,通路层指示分组转发的隧道。T-MPLS LSP 可以承载在以太网物理层中,也可以在 SDH VCG 中,还可以承载在 DWDM/OTN 的波长通道上。

下面以图 3-1 所示为例，说明分组业务在 T-MPLS 网络中的转发。

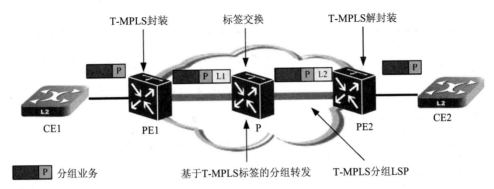

图 3-1　分组在 T-MPLS 网络中的转发

客户 CE1 的分组业务(以太网、IP/MPLS、ATM、FR 等)在 PE1 边缘设备加上 T-MPLS 标签 L1(双层标签)，经过 P 中间设备将标签交换成 L2(双层标签，内层标签可以不交换)，边缘设备 PE2 去掉标签，将分组业务送给客户 CE2。

3.3　T-MPLS 和 MPLS 的差别

T-MPLS 作为 MPLS 的一个子集，为了支持面向连接的端到端的 OAM 模型，排除了 MPLS 很多无连接的特性。

T-MPLS 和 MPLS 相比，它们的差别如下：

(1) T-MPLS 采用集中的网络管理配置或 ASON/GMPLS 控制面，MPLS 采用 IETF 定义的 MPLS 控制信令，包括 RSVP/LDP 和 OSPF 等。

(2) T-MPLS 使用双向的 LSP，其将两个方向的单向的 LSP 绑定作为一个双向的 LSP，提供双向的连接；MPLS 支持单向的 LSP。

T-MPLS 不支持倒数第二跳弹出(PHP)。在 MPLS 网络中，PHP 可以降低边缘设备的复杂度；但在 T-MPLS 网络中，PHP 破坏了端到端的特性。

(3) T-MPLS 不支持 LSP 的聚合，LSP 的聚合意味着相同目的地址的流量可以使用相同的标签，其增加了网络的可扩展性，但同时也增加了 OAM 和性能监测的复杂度，LSP 聚合不是面向连接的概念；MPLS 支持 LSP 的聚合。

(4) T-MPLS 支持端到端的 OAM 机制，其参考 ITU-T 定义的 T-MPLS OAM(G.8114 和 G.8113)标准；MPLS 的 OAM 机制为 IETF 定义的 VCCV 和 Ping 等。

(5) T-MPLS 支持端到端的保护倒换，支持线性保护倒换和环网保护；MPLS 支持本地保护技术 FRR。

T-MPLS 和 MPLS 的对比总结如表 3-1 所示。

表 3-1　T-MPLS 和 MPLS 对比

T-MPLS	MPLS
采用集中的网络管理配置或 ASON/GMPLS 控制面	采用 IETF 定义的 MPLS 控制信令，包括 RSVP/LDP 和 OSPF 等
使用双向的 LSP，提供双向的连接	使用单向 LSP
不支持倒数第二跳弹出(PHP)	支持倒数第二跳弹出(PHP)
不支持 LSP 的聚合	支持 LSP 的聚合
支持端到端的 OAM 机制	OAM 机制为 IETF 定义的 VCCV 和 Ping 等
支持端到端的保护倒换，支持线性保护倒换和环网保护	支持本地保护技术 FRR

T-MPLS 和 MPLS 的关系如图 3-2 所示。

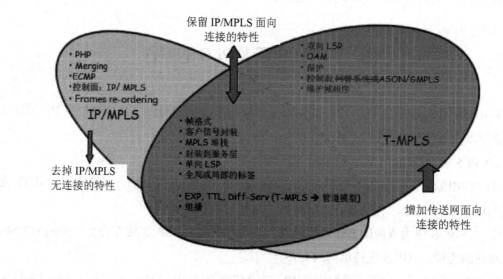

图 3-2　T-MPLS 和 MPLS 的关系示意图

3.4　T-MPLS 网络结构

3.4.1　T-MPLS 网络分层结构

T-MPLS 分组传送网是建立端到端面向连接的分组的传送管道，将面向无连接的数据网改造成面向连接的网络。该管道可以通过网络管理系统或智能的控制面建立，该分组的传送通道具有良好的操作维护性和保护恢复能力。

作为面向连接的传送网技术，T-MPLS 也满足 ITU-T G.805 定义的分层结构。T-MPLS 层网络可以分为：

(1) 媒质层；

(2) 段层；

(3) 通路层(通道层)；

(4) 通道层(电路层)。

T-MPLS 的垂直分层结构如图 3-3 所示。

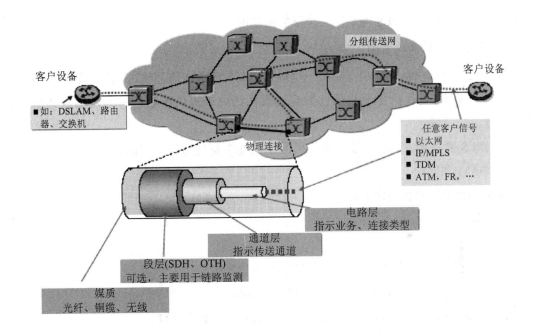

图 3-3　T-MPLS 网络的垂直分层结构

3.4.2　T-MPLS 网络的三个平面

T-MPLS 网络分为层次清楚的三个层面(见图 3-4)：传送平面、管理平面、控制平面。

传送平面又叫数据转发面。传送平面进行基于 T-MPLS 标签的分组交换，并引入了面向连接的 OAM 和保护恢复功能。

控制平面采用 GMPLS/ASON，进行标签的分发，建立标签转发通道，其和全光交换、TDM 交换的控制面融合，体现了分组和传送的完全融合。

三个平面功能划分如图 3-4 所示。

图 3-4   T-MPLS 的三个平面功能示意图

下面分别介绍 T-MPLS 网络的三个平面的功能。

1. T-MPLS 数据转发面

数据转发面提供从一个端点到另一个端点的双向或单向信息传送，监测连接状态(如故障和信号质量)并提供给控制平面；数据转发面还可以提供控制信息和网络管理信息的传送。

T-MPLS 数据转发面的主要功能是根据 T-MPLS 标签进行分组的转发，还包括操作维护管理(OAM)和保护。

数据转发面的具体要求为：

(1) 不支持 PHP。

(2) 不支持聚合。

(3) 不支持联合的包丢弃算法，只支持 drop 优先级。

(4) 在数据面两个单向的 LSP 组成双向的 LSP。

(5) 根据 RFC3443 中定义的管道模型和短管道模型处理 TTL。

(6) 支持 RFC3270 中的 E-LSP 和 L-LSP。

(7) 支持管道模型和短管道模型中的 EXP 处理。

(8) 支持全局和端口本地意义的标签范围。

(9) 支持 G.8113 和 G.8114 定义的 OAM。

(10) 支持 G.8131 和 G.8132 定义的保护倒换。

2. T-MPLS 管理平面

管理平面执行传送平面、控制平面以及整个系统的管理功能，它同时提供这些平面之间的协同操作。管理平面执行的功能包括：

(1) 性能管理。

(2) 故障管理。

(3) 配置管理。

(4) 计费管理。

(5) 安全管理。

3. T-MPLS 控制平面

T-MPLS 的控制平面由提供路由和信令等特定功能的一组控制元件组成，并由一个信令网络支撑。控制平面元件之间的互操作性以及元件之间通信需要的信息流可通过接口获得。控制平面的主要功能如下：

(1) 通过信令支持建立、拆除和维护端到端连接的能力，通过选路为连接选择合适的路由。

(2) 网络发生故障时，执行保护和恢复功能。

(3) 自动发现邻接关系和链路信息，发布链路状态信息(例如可用容量以及故障等)以支持连接建立、拆除和恢复。

控制平面结构不应限制连接控制的实现方式，如集中的或全分布的。

第 4 章

PTN 关键技术

4.1 T-MPLS OAM 技术

第 4 章 PTN 关键技术

4.1.1 OAM 的定义

OAM(Operation, Administration and Maintenance)是指为保障网络与业务正常、安全、有效运行而采取的生产组织管理活动，简称运行管理维护或运维管理。

根据运营商网络运营的实际需要，通常将 OAM 划分为三大类：

(1) 操作。操作主要完成日常的网络状态分析、告警监视和性能控制活动。

(2) 管理。管理是对日常网络和业务进行的分析、预测、规划和配置工作。

(3) 维护。维护主要是对网络及其业务的测试和故障管理等进行的日常操作活动。

T-MPLS OAM 是应用在 T-MPLS 网络中的 OAM 机制，由 ITU-T Y.1373/G.8114 定义。ITU-T 对 OAM 的定义是：

(1) 性能监控并产生维护信息，根据这些信息评估网络的稳定性。

(2) 通过定期查询的方式检测网络故障，产生各种维护和告警信息。

(3) 通过调度或者切换到其他的实体，旁路失效实体，保证网络的正常运行。

(4) 将故障信息传递给管理实体。

4.1.2 OAM 的分类

1. 按功能分类

OAM 按功能分为：

(1) 故障管理，如故障检测、故障分类、故障定位、故障通告等。

(2) 性能管理，如性能监视、性能分析、性能管理控制等。

(3) 保护恢复，如保护机制、恢复机制等。

2．按对象分类

OAM 按对象分为：

(1) 对维护实体的 OAM。

(2) 对域的 OAM。

(3) 对生存性的 OAM。

4.1.3　管理域 OAM 网络模型

管理域 OAM 网络模型如图 4-1 所示。

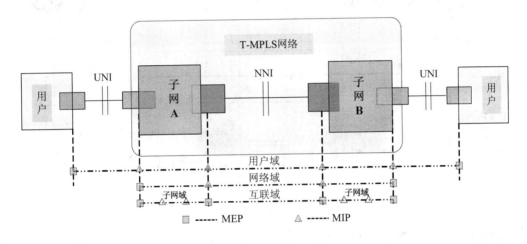

图 4-1　管理域 OAM 网络模型

对于一个 T-MPLS 网络，不同管理域的 OAM 帧会在该域边界 MEP 处发起，源和目的 MEP 之间的节点为 MIP。所有 MEP 和 MIP 均由管理平面和/或控制平面配置，其中管理平面配置可由网管系统(NMS)执行。

4.1.4　MEG 嵌套

在 MEG 嵌套的情况下，使用 MEL 区分嵌套的 MEG。每个 MEG 工作在 MEL = 0 层次，即：

(1) 所有 MEG 的所有 MEP，生成的 OAM 分组 MEL = 0，且所有 MEG 的所有 MEP 仅终止 MEL = 0 的 OAM 分组。

(2) 所有 MEG 的 MIP 仅对 MEL = 0 的分组选择动作。

为了区分嵌套的 MEG，对于某个 MEG，从任何一个 MEP 进入的 OAM 分组，MEL 值加 1；对于所有 MEL 值大于 0 的 OAM 分组，从该 MEG 的任何一个 MEP 离开时，MEL 值减 1。

通过这种 MEL 处理方式, 不需要手工指定每个 MEG 的 MEL, 每层仅需要生成和处理 MEL = 0 的 OAM 分组即可。出现嵌套时, 低层 MEG 将接入的上层 MEG 的 OAM 分组隧道化, 即源 MEP 将 MEL 值加 1, 宿 MEP 将 MEL 值减 1。

如果输入 OAM 分组的 MEL 值等于 7, 则 MEP 直接丢弃, 以避免 MEL 层次越限。

MEG 嵌套和 T-MPLS 标记堆叠互相独立, 每层 T-MPLS 标记最多可能存在独立的八个 MEL 层次。

图 4-2 给出了一个 MEG 嵌套的示例。

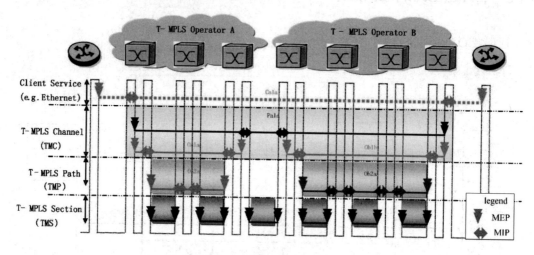

图 4-2　MEG 嵌套示例图

T-MPLS Channel 层表示的是 PW 信息, 标志一条 VC 通道, T-MPLS Path 表示一个 T-MPLS 隧道, 即 LSP; T-MPLS Section 标志一个 T-MPLS 的子层网络, 保护的是属于链路层的检测; 在 T-MPLS OAM 中分别对应着 TMC、TMP、TMS 三个层面的 OAM 检测。

在 TMP 层上, 还有一种扩展的检测方式, 既 TCM, 检测的是 LSP 上的一个段, 检测报文和 TMP 一样, 只是检测的不是整个 LSP, 而是其中局部。TMP 层次为 0, TCM 是 TMP 上的分段, TCM 连接可以嵌套, 但不允许交叠。对于 T-MPLS OAM, TCM 最多为七个(层次可为 1~7)。

4.1.5　OAM 分组格式

OAM 分组由 OAM PDU 和外层的转发标记栈条目组成。转发标记栈条目内容同其他数据分组一样, 用来保证 OAM 分组在 T-MPLS 路径上的正确转发。每个 MEP 或 MIP 仅识别和处理本层次的 OAM 分组。

通用的 OAM PDU 格式如图 4-3 所示。

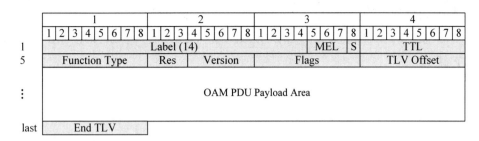

图 4-3　通用的 OAM PDU 格式

最前面的四个字节是 OAM 标记栈条目，各字段定义如下：

(1) Label (14)：20 位标记值，值为 14，表示 OAM 标记；

(2) MEL：3 位 MEL，范围为 0~7；

(3) S：1 位 S 位，值为 1，表示是标记栈底部；

(4) TTL：8 位 TTL 值，取值为 1 或 MEP 到指定 MIP 的跳数 + 1。

第五个字节是 OAM 消息类型(Function Type)，8 位，表示 OAM 功能类型。另外，部分 OAM PDU 需要指定目标 MEP 或 MIP，即 MEP 或 MIP 标识，根据功能类型的不同，可以是如下三种格式之一：

(1) 48 位 MAC 地址；

(2) 13 位 MEG ID 和 13 位 MEP/MIP ID；

(3) 128 位 IPv6 地址。

4.1.6　识别 OAM 分组

1. 目标为 MEP 的 OAM 分组

MEP 识别并处理接收 MEL 值为 0 的 OAM 分组，不识别 OAM 分组标记栈条目中的 TTL。

MEP 向另一个 MEP 发送 OAM 分组时，MEL 值置为 0，并将 OAM 标记栈条目中的 TTL 值置为 1。

2. 目标为 MIP 的 OAM 分组

MIP 应该透传 OAM 标记栈条目中 TTL 值为 1 的 OAM 分组。MIP 对于收到的 MEL 值为 0 的 OAM 分组，如果 OAM 分组中的数据平面标识指明是该 MIP，则处理该 OAM 分组。

为了简化 MIP 的处理，避免对 OAM 分组进行深层次(即非最外层)的标记检测，定义如下方式标识 MIP：

(1) MEP 发送目标为 MIP 的 OAM 分组时，OAM 标记栈条目中 TTL 值设为如下值：

$$TTL = MIP\ hops + 1$$

其中的 MIP hops 表示从 MEP 到目标 MIP 的 MIP 跳数。

(2) MIP 仅处理收到的 MEL 值为 0、TTL 值为 2 的 OAM 分组。

(3) 对于收到的 MEL 值为 0 的 OAM 分组，如果 TTL 值大于 2，则该 MIP 将 OAM 分组的 TTL 减 1。

4.1.7　T-MPLS OAM 结构

每个 T-MPLS 网络可以分成多个管理域，MEG 可能存在于一个管理域的一对边界连接点之间，也可能存在于分属两个相邻管理域的一对边界连接点之间。

点到点 T-MPLS 连接 MEG 如图 4-4 所示。点到多点 T-MPLS 连接 MEG 如图 4-5 所示。

对于每一条 T-MPLS 路径，T-MPLS OAM 定义的 MEG 如下：

(1) 1 个 MEG，用于网络连接监视；

(2) 0～6 个 MEG，用于串接(TCM)监视；

(3) 1 个 MEG，用于链路连接监视。

TCM 连接可以嵌套，但不允许交叠。不同层次 TCM 连接之间、TCM 连接和网络连接监视之间、链路连接监视之间通过 MEL 层次区分，也就是说，不同层次的 TCM 连接监视、网络连接监视和链路连接监视对应不同的 MEL 值。

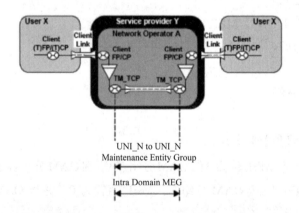

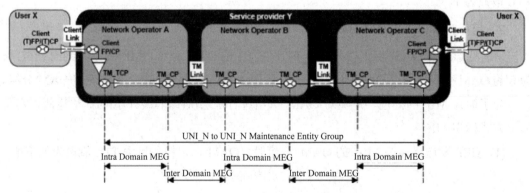

图 4-4　点到点 T-MPLS 连接 MEG

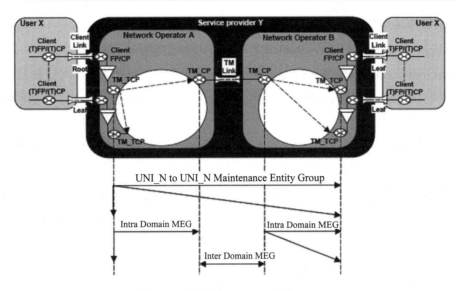

图 4-5 点到多点 T-MPLS 连接 MEG

4.1.8 OAM 功能

1. T-MPLS 网络中的 OAM 机制

T-MPLS 网络中的 OAM 功能可分为告警相关 OAM 功能、性能相关 OAM 功能以及其他 OAM 功能。

OAM 技术中的故障管理和性能管理功能描述如表 4-1 所示。

表 4-1 OAM 技术中的故障管理和性能管理功能

OAM 技术	故 障 管 理	性 能 管 理
功能	故障检测、故障验证、故障定位和故障通告等	性能监视、性能分析、性能管理控制、性能下降时启动网络故障管理系统等
目的	配合网管系统提高网络可靠性和可用性	维护网络服务质量和网络运营效率
主要的工具和方法	1. 连续性检查(CC) 2. 告警指示(AIS) 3. 远程缺陷指示(RDI) 4. 链路追踪(LT) 5. 环回检测(LB) 6. 锁定(LCK) 7. 测试(TST) 8. 客户信令失效(CSF)	1. 帧丢失测量(LM) 2. 帧时延测量(DM) 3. 帧时延抖动测量(DVM)

2. 告警相关 OAM 功能

Continuity and Connectivity Check (CC)：用于检测连接是否正常。

Alarm Indication Signal (AIS)：维护信号，用于将服务层路径失效信号通知到客户层。

Remote Defect Indication (RDI)：维护信号，用于近端检测到失效之后，向远端回馈一个远端缺陷指示信号。

LB(Loopback)：环回功能。MEP 是环回请求分组的发起点，环回的执行点可以是 MEP 或者 MIP。

Lock：维护信号，用于通知一个 MEP，相应的服务层或子层 MEP 出于管理上的需要，已经将正常业务中断，从而使得该 MEP 可以判断业务中断是预知的还是由于故障引起的。

Test：一个 MEP 向另一个 MEP 发送的测试请求信号。

3. 性能相关 OAM 功能

LM (Frame Loss Measurement)：用于测量从一个 MEP 到另一个 MEP 的单向或双向帧丢失率。

DM (Packet Delay and Packet Delay Variation Measurements)：用于测量从一个 MEP 到另一个 MEP 的分组传送时延和时延变化；或者将分组从 MEP A 传送到 MEP B，然后 MEP B 再将该分组传回 MEP A 的总分组传送时延和时延变化。

4.2 T-MPLS 网络生存性技术

4.2.1 生存性概述

T-MPLS 网络的生存性通过网络保护和恢复技术实现，需满足下列网络目标：

(1) 实现快速自愈(达到现有 SDH 网络保护的级别)。

(2) 与客户层可能的机制协调共存，可以针对每个连接激活或禁止 T-MPLS 保护机制。

(3) 可抵抗单点失效。

(4) 一定程度上可容忍多点失效。

(5) 避免对与失效无关的业务有影响。

(6) 尽量减少需要的保护带宽。

(7) 尽量减小信令复杂度。

(8) 支持优先通路验证。

(9) 需要考虑 T-MPLS 环网的互通。

(10) 需要考虑 T-MPLS 网状网及其互通。

4.2.2　线性保护倒换

T-MPLS 线性保护倒换结构可以是 G.8131 定义的路径保护和子网连接保护。下面详细介绍线性保护倒换的网络目标。

倒换时间用于路径保护和子网连接保护的 APS 算法，应尽可能地快，建议倒换时间不大于 50 ms。

保护倒换时间不包括启动保护倒换必需的监测时间和拖延时间。

传输时延依赖于路径的物理长度和路径上的处理功能。对于双向保护倒换操作，传输时延应该考虑；对于单向保护倒换，由于不需要传送 APS 信令，不存在信令的传输时延。

倒换类型包括 1＋1 路径保护和 SNC 保护。

操作方式包括 1＋1 单向保护倒换(支持返回操作和非返回操作)和 1∶1 保护倒换(支持返回操作)。

人工控制通过操作系统，可使用外部发起的命令人工控制保护倒换。支持的外部命令有：清除、保护锁定、强制倒换、人工倒换、练习倒换。

倒换发起准则对于相同类型的路径保护和子网连接保护，其准则相同。支持的自动发起倒换的命令包括：信号失效(工作和保护)、保护劣化(工作和保护)、返回请求、无请求。对于信号失效和/或信号劣化准则应该同 G.8121 标准定义一致。

1．T-MPLS 路径保护

T-MPLS 路径保护用于保护一条 T-MPLS 连接，它是一种专用的端到端保护结构，可以用于不同的网络结构，如网状网、环网等。

T-MPLS 路径保护又具体分为 1＋1 和 1∶1 两种类型。

1) 单向 1＋1 T-MPLS 路径保护

在 1＋1 结构中，保护连接是每条工作连接专用的，工作连接与保护连接在保护域的源端进行桥接。业务在工作连接和保护连接上同时发向保护域的宿端，在宿端，基于某种预先确定的准则，例如缺陷指示，选择接收来自工作或保护连接上的业务。为了避免单点失效，工作连接和保护连接应该走分离的路由。

1＋1 T-MPLS 路径保护的倒换类型是单向倒换，即只有受影响的连接方向倒换至保护路径，两端的选择器是独立的。1＋1 T-MPLS 路径保护的操作类型可以是非返回或返回的。

1＋1 T-MPLS 路径保护倒换结构如图 4-6 所示。在单向保护倒换操作模式下，保护倒换由保护域的宿端选择器完全基于本地(即保护宿端)信息来完成。工作业务在保护域的源端永久桥接到工作和保护连接上。若使用连接性检查包检测工作和保护连接故障，则它们同时在保护域的源端插入到工作和保护连接上，并在保护域宿端进行检测和提取。需注意无论连接是否被选择器所选择，连接性检查包都会在上面发送。

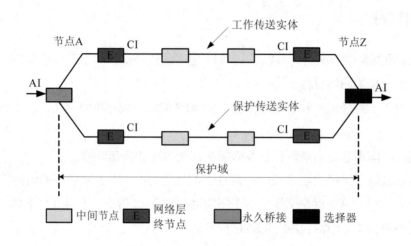

图 4-6　单向 1+1 路径保护倒换结构

如果工作连接上发生单向故障(从节点 A 到节点 Z 的传输方向)，此故障将在保护域宿端节点 Z 被检测到，然后节点 Z 选择器将倒换至保护连接。如图 4-7 所示。

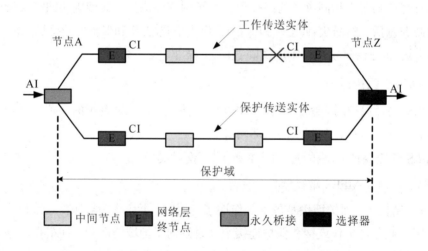

图 4-7　单向 1＋1 路径保护倒换(工作连接失效)

2) 双向 1:1 T-MPLS 路径保护

在 1：1 结构中，保护连接是每条工作连接专用的，被保护的工作业务由工作连接或保护连接进行传送。工作连接和保护连接的选择方法由某种机制决定。为了避免单点失效，工作连接和保护连接应该走分离路由。

1：1 T-MPLS 路径保护的倒换类型是双向倒换，即受影响的和未受影响的连接方向均倒换至保护路径。双向倒换需要自动保护倒换协议(APS)用于协调连接的两端。双向 1：1 T-MPLS 路径保护的操作类型应该是可返回的。

1：1 T-MPLS 路径保护倒换结构如图 4-8 所示。在双向保护倒换模式下，基于本地或近端信息和来自另一端或远端的 APS 协议信息，保护倒换由保护域源端选择器桥接和宿端选择器共同来完成。

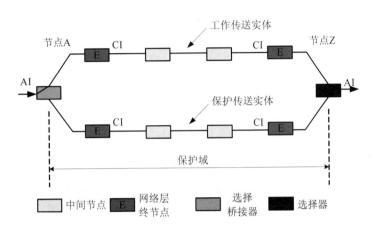

图 4-8　双向 1：1 路径保护倒换结构(单向表示)

若使用连接性检查包检测工作连接和保护连接故障，则它们同时在保护域的源端插入到工作连接和保护连接上，并在保护域宿端进行检测和提取。需要注意的是，无论连接是否被选择器选择，连接性检查包都会在上面发送。

若在工作连接 Z-A 方向上发生故障，则此故障将在节点 A 检测到，然后使用 APS 协议触发保护倒换。

如图 4-9 所示，协议流程如下：

(1) 节点 A 检测到故障；

(2) 节点 A 选择器桥接倒换至保护连接 A-Z(即在 A-Z 方向，工作业务同时在工作连接 A-Z 和保护连接 A-Z 上进行传送)，并且节点 A 并入选择器倒换至保护连接 A-Z；

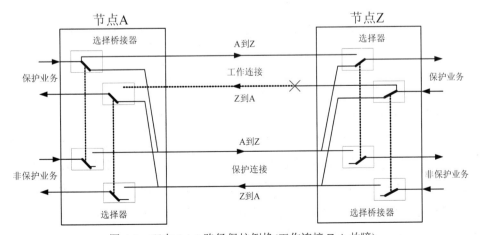

图 4-9　双向 1：1 路径保护倒换(工作连接 Z-A 故障)

(3) 从节点 A 到节点 Z 发送 APS 命令请求保护倒换;

(4) 当节点 Z 确认了保护倒换请求的优先级有效之后,节点 Z 并入选择器倒换至保护连接 A-Z(即在 Z-A 方向,工作业务同时在工作连接 Z-A 和保护连接 Z-A 上进行传送);

(5) APS 命令从节点 Z 传送至节点 A 用于通知有关倒换的信息;

(6) 最后,业务流在保护连接上进行传送。

2. T-MPLS SNC 保护

T-MPLS SNC 保护,即子网连接保护,用于保护一个运营商网络或多个运营商网络内部的连接部分,它存在两条独立的子网连接,作为正常业务信号的工作和保护传送实体。

1) 单向 1+1 SNC/S 护倒换

单向 1+1 SNC/S 保护倒换结构如图 4-10 所示。在单向保护倒换模式下,基于本地信息,保护倒换由保护域宿端(节点 Z)选择器来执行。工作业务在保护域源端(节点 A)永久桥接到工作和保护连接上。服务器/子层路径终端器和适配功能块用于监视和确定工作与保护连接的状态。

单向 1+1 SNC/S 保护可以是返回的或是非返回的。

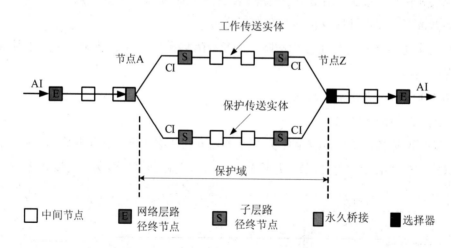

图 4-10 单向 1+1 SNC/S 保护倒换结构

2) 双向 1:1 SNC/S 保护倒换

双向 1:1 SNC/S 保护倒换结构如图 4-11 所示。在双向保护倒换操作模式下,基于本地或近端信息和来自另一端或远端的 APS 协议信息,保护倒换由保护域源端选择器桥接和宿端选择器共同来完成。服务器/子层路径终端器和适配功能块用于监视和确定工作连接与保护连接的状态。详细的保护倒换机制参见双向 1:1 T-MPLS 路径保护。

双向 1:1 SNC/S 保护应该是可返回的。

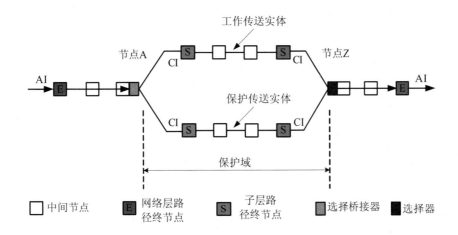

图 4-11　双向 1∶1 SNC/S 保护倒换结构(单向表示)

4.2.3　环网保护

1. 环网保护的网络目标

环网保护是一种链路保护技术,该保护的对象是链路层,在 T-MPLS 技术中保护段层的失效和劣化。

1) 保护事件

环网保护可保护以下事件(故障类型):

(1) 服务层失效。

(2) T-MPLS 层失效或性能劣化(由 T-MPLS 段的 OAM 检测)。

环网保护被保护的实体是点到点连接和点到多点连接,环网保护的倒换在拖延时间为 0 的情况下,对以上任何失效事件的保护倒换完成时间应小于 50 ms。

2) 业务类型

环网保护被保护和不保护的业务类型如下:

(1) 被保护的连接:在任何单点失效事件下正常的业务都能被保护。

(2) 不保护的连接:对非预清空的无保护业务不进行任何保护操作,并且除非其通道发生故障,否则也不会被清空。

(3) CIR 和 EIR 业务类型:可以被保护或无保护。

3) 拖延时间

(1) 当使用了与 T-MPLS 层保护机制相冲突的底层保护机制时,设置拖延时间的目的是为了避免在不同的网络层次之间出现保护倒换级联。

(2) 使用拖延定时器允许在 T-MPLS 层激活其保护动作前先通过底层保护机制恢复工作业务。

4) 等待恢复时间

设置等待恢复时间的目的是避免在不稳定的网络失效条件下发生保护倒换。

5) 保护的扩展

(1) 对单点失效,环将恢复所有通过失效位置的被保护的业务。

(2) 在多点失效条件下,环应尽量恢复所有被保护的业务。

6) 机制要求

环网保护是通过运行在相应段层上的 APS 协议来完成保护倒换动作的,在 T-MPLS 机制下运行的 APS 协议机制要求如下:

(1) 保护倒换协议应支持一个环上至少 255 个节点。

(2) APS 协议和相关的 OAM 功能应具有支持环升级(插入/去除节点)的能力,并限制保护倒换对现有业务可能的影响和冲击。

(3) 在多点失效的情况下,环上的所有跨段应具有相同的优先级。

(4) 由于多个失效组合和人工/强制请求可能导致环被分为多个分离部分,因此 APS 协议应允许多个环倒换请求共存。

(5) APS 协议应具有足够的可靠性和可用性,以避免任何倒换请求丢失或对请求的错误解释。

7) 业务误连接

T-MPLS 共享保护的一个目标是避免与保护倒换相关的误连接。

(1) 操作模式:应提供可返回的倒换操作模式。

(2) 保护倒换模式:应支持双端倒换。

(3) 人工控制,应支持下列外部触发命令:锁定到工作、锁定到保护、强制倒换、人工倒换、清除。

(4) 倒换触发准则,应支持下列自动触发倒换的命令:信号失效(SF)、信号劣化(SD)、等待恢复。

在多环情况下,应支持双节点互连来实现可靠的多环保护。

2. Wrapping 保护

当网络上节点检测到网络失效时,故障侧相邻节点通过 APS 协议向其相邻节点发出倒换请求。当某个节点检测到失效或接收到倒换请求时,转发至失效节点的普通业务将被倒换至另一个方向(远离失效节点)。当网络失效或 APS 协议请求消失时,业务将返回至原来路径。

正常情况下的业务传送如图 4-12 所示。信号失效情况下的业务传送如图 4-13 所示。

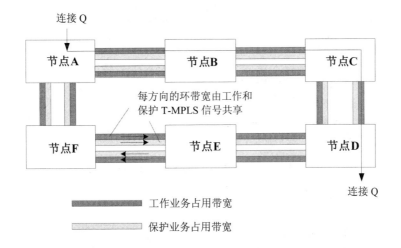

图 4-12 正常状态下的 Wrapping 保护

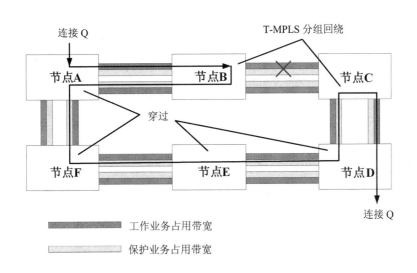

图 4-13 故障状态下的 Wrapping 保护

3．Steering 保护

当网络上节点检测到网络失效时，通过 APS 协议向环上所有节点发送倒换请求。点到点连接的每个源节点执行倒换，所有受到网络失效影响的 T-MPLS 连接从工作方向倒换到保护方向；当网络失效或 APS 协议请求消失后，所有受影响的业务恢复至原来路径。

正常状态下的 Steering 保护如图 4-14 所示。故障状态下的 Steering 保护如图 4-15 所示。

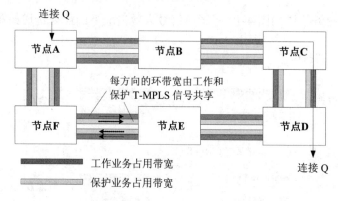

图 4-14 正常状态下的 Steering 保护

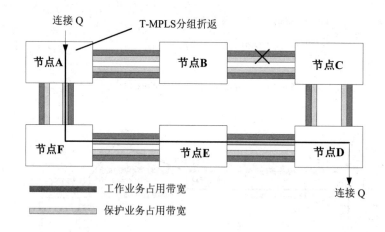

图 4-15 故障状态下的 Steering 保护

4. 点到多点业务的 Wrapping 保护

正常状态下的点到多点业务的 Wrapping 保护如图 4-16 所示。故障状态下的点到多点业务的 Wrapping 保护如图 4-17 所示。

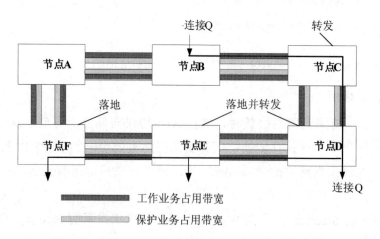

图 4-16 正常状态下的点到多点业务的 Wrapping 保护

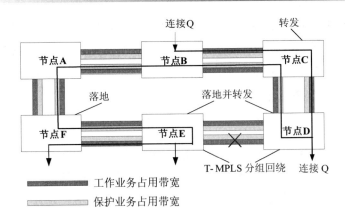

图 4-17　故障状态下的点到多点业务的 Wrapping 保护

4.2.4　端口保护

端口保护包括了链路聚合(Trunk)保护、LCAS 保护和 IMA 保护。

1. 链路聚合保护

链路聚合(Link Aggregation)又称 Trunk，是指将多个物理端口捆绑在一起，成为一个逻辑端口，以实现增加带宽及出/入流量在各成员端口中的负荷分担，设备根据用户配置的端口负荷分担策略决定报文从哪一个成员端口发送到对端的设备。

链路聚合采用 LACP(Link Aggregation Control Protocol)实现端口的 Trunk 功能，该协议是基于 IEEE802.3ad 标准的实现链路动态汇聚的协议。LACP 协议通过 LACPDU(Link Aggregation Control Protocol Data Unit)与对端交互信息。

链路聚合的功能如下：

(1) 控制端口到聚合组的添加、删除。

(2) 实现链路带宽增加、链路双向保护。

(3) 提高链路的故障容错能力。

链路聚合保护如图 4-18 所示。

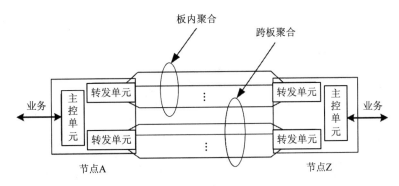

图 4-18　链路聚合保护示意图

当本地端口启用 LACP 协议后,端口将通过发送 LACPDU 向对端端口通告自己的系统优先级、系统 MAC 地址、端口优先级、端口号和操作 Key。对端端口接收到这些信息后,将这些信息与其他端口所保存的信息比较以选择能够汇聚的端口,从而双方可以对端口加入或退出某个动态汇聚组达成一致。

2. LCAS 保护

LCAS(Link Capacity Adjustment Scheme,链路容量调整机制)是一种在虚级联技术基础上的调节机制。LCAS 技术就是建立在源和目的之间双向往来的控制信息系统。这些控制信息可以根据需求,动态地调整虚容器组中成员的个数,以此来实现对带宽的实时管理;从而在保证承载业务质量的同时提高网络利用率。

LCAS 的功能如下:

(1) 在不影响当前数据流的情况下通过增减虚级联组中级联的虚容器个数动态调整净负载容量。

(2) 无需丢弃整个 VCG 即可动态地替换 VCG 中失效的成员虚容器。

(3) 允许单向控制 VCG 容量,支持非对称带宽。

(4) 支持 LCAS 功能的收发设备可与旧的不支持 LCAS 功能的收发设备直接互连。

(5) 支持多种用户服务等级。

设备支持的 LACS 保护如图 4-19 所示。

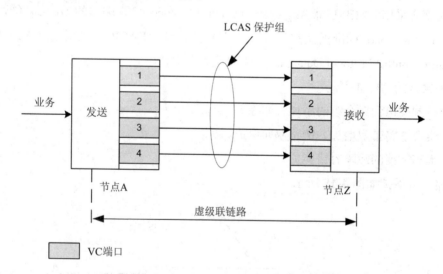

图 4-19　LACS 保护示意图

可以看出,LCAS 技术具有带宽灵活和动态调整等特点,当用户带宽发生变化时,可以调整虚级联组 VC-n 的数量,这一调整不会对用户的正常业务产生中断。此外,LCAS 技术还提供一种容错机制,可增强虚级联的健壮性。当虚级联组中有一个 VC-n 失效,不会使整个虚级联组失效,而是自动地将失效的 VC-n 从虚级联组中剔除,剩下的正常的 VC-n

继续传输业务；当失效 VC-n 恢复后，系统自动地又将该 VC-n 重新加入虚级联组。

3．IMA 保护

IMA(Inverse Multiplexing for ATM)技术是将 ATM 信元流以信元为基础，反向复用到多个低速链路上来传输，在远端再将多个低速链路的信元流复接在一起恢复出与原来顺序相同的 ATM 信元流。IMA 能够将多个低速链路复用起来，实现高速宽带 ATM 信元流的传输；并通过统计复用，提高链路的使用效率和传输的可靠性。

IMA 适用于在 E1 接口和通道化 VC12 链路上传送 ATM 信元，它只是提供一个通道，对业务类型和 ATM 信元不做处理，只为 ATM 业务提供透明传输。当用户接入设备后，反向复用技术把多个 E1 的连接复用成一个逻辑的高速率连接，这个高的速率值等于组成该反向复用的所有 E1 速率之和。ATM 反向复用技术包括复用和解复用 ATM 信元，完成反向复用和解复用的功能组称为 IMA 组。

IMA 保护是指如果 IMA 组中一条链路失效，信元会被负载分担到其他正常链路上进行传送，从而达到保护业务的目的。

IMA 传输过程如图 4-20 所示。

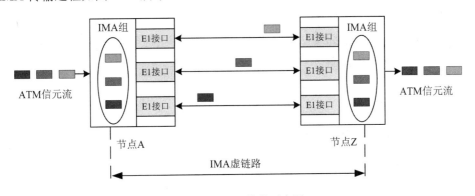

图 4-20　IMA 传输示意图

IMA 组在每一个 IMA 虚连接的端点处终止。在发送方向上，从 ATM 层接收到的信元流以信元为基础，被分配到 IMA 组中的多个物理链路上。而在接收端，从不同物理链路上接收到的信元，以信元为基础，被重新组合成与初始信元流一样的信元流。

4.3　QoS 原 理

4.3.1　QoS 的基本概念

在任何时间、任何地点和任何人实现任何媒介信息的交流是人类在通信领域的永恒需求，在 IP 技术成熟以前，所有的网络都是单一业务网络，如 PSTN 只能开电话业务，有线电视网只能承载电视业务，X.25 网只能承载数据业务等。网络的分离造成业务的分离，降低了沟通的效率。

由于互联网的流行，IP 应用日益广泛，IP 网络已经渗入各种传统的通信范围，基于 IP 构建一个多业务网络成为可能。三网合一是大势所趋，即视频、语音、数据同时以分组交换的方式传送。但是，不同的业务对网络的要求是不同的，如何在分组化的 IP 网络中实现多种实时和非实时业务成为一个重要话题，人们提出了 IPQoS 的概念。

IPQoS 是指 IP 网络的一种能力，即在跨越多种底层网络技术(FR、ATM、Ethernet、SDH 等)的 IP 网络上，为特定的业务提供其所需要的服务。

QoS 包括多个方面的内容，如带宽、时延、时延抖动等，每种业务都对 QoS 有特定的要求，有些可能对其中的某些指标要求高一些，有些则可能对另外一些指标要求高些。特别是三网合一后的视频和语音的数据，对相关指标要求也特别严格。这就要求我们能够提供相应的 QoS，来保证交付这些应用的质量。

1. QoS 的工作

QoS 需要完成以下的工作：

(1) 避免并管理 IP 网络拥塞。

(2) 减少 IP 报文的丢包率。

(3) 调控 IP 网络的流量。

(4) 为特定用户或特定业务提供专用带宽。

(5) 支撑 IP 网络上的实时业务。

2. QoS 指标

QoS 指标实际上是业务质量的技术化描述，对于不同的业务，QoS 缺乏保障时，所呈现出来的业务表象是不同的。

一般而言，QoS 包括以下几个技术指标：

(1) 可用带宽：网络的两个节点之间特定应用业务流的平均速率，主要衡量用户从网络取得业务数据的能力。所有的实时业务对带宽都有一定的要求，如对于视频业务，当可用带宽低于视频源的编码速率时，图像质量就无法保证。

(2) 时延：数据包在网络的两个节点之间传送的平均往返时间。所有实时性业务都对时延有一定要求，如 VoIP 业务，时延一大，通话就会变得无法忍受。

(3) 丢包率：在网络传输过程中丢失报文的百分比，用来衡量网络正确转发用户数据的能力。不同业务对丢包的敏感性不同，在多媒体业务中，丢包是导致图像质量恶化的最根本原因，少量的丢包就可能使图像出现"马赛克"现象。

(4) 时延抖动：时延的变化。有些业务，如流媒体业务，可以通过适当的缓存来减少时延抖动对业务的影响；而有些业务则对时延抖动非常敏感，如语音业务，稍许的时延抖动就会导致语音质量迅速下降。

(5) 误码率：在网络传输过程中报文出现错误的百分比。误码率对一些加密类的数据业务影响尤其大。

此外，QoS 还可能包含其他一些指标，如网络可用性等。业务的服务质量不仅仅包括上述提到的 QoS 指标，还包括链路质量、终端设备性能等，所有这些都影响到用户对业务的使用。所以，只有实现网络系统和业务系统的结合，才能保障各种业务的质量。

4.3.2　QoS 的模型

目前 QoS 有以下两种主要的解决模型：

1. IntServ 模型

Integrated Service：综合服务模型，简称 IntServ，端到端基于流的 QoS 技术。网络中所有节点为特定的流承诺一致的服务。业务通过信令向网络申请特定的 QoS 服务，网络根据请求，预留资源以承诺满足该请求。其特点如下：

(1) IntServ 是一种端到端基于流的 QoS 技术。

(2) 终端在发送数据之前，需要根据业务类型向网络提出 QoS 要求。

(3) 网络根据一定的接纳策略，判断是否接纳该业务的请求。

(4) 通过带外的 RSVP(Resource Reservation Protocol，资源预留协议)信令建立端到端的通信路径。

(5) RSVP 只是在网络节点之间传递 QoS 请求，它本身并不完成这些 QoS 的要求实现。

(6) 通过其他技术如 PQ、CQ、WFQ 等来完成对这些 QoS 要求的实现。

2. DiffServ 模型

Differentiated Service：差分服务模型，简称 DiffServ，基于类的 QoS 技术。网络中的每一节点自定义服务类别，包括资源分配、队列调度、分组丢弃策略等。当网络出现拥塞时，根据业务的不同服务等级约定，有差别地进行流量控制和转发来解决拥塞问题。其特点如下：

(1) DiffServ 可以满足用户不同的 QoS 需求，易于扩展。

(2) 与 IntServ 不同，它不需要信令，逐跳转发，即在一个业务发出报文前，不需要通知路由器。

(3) DiffServ 是基于 DSCP 的 QoS 解决方案。

(4) 在网络入口处根据服务要求对业务进行分类、流量控制，同时设置报文的 DSCP 域。

(5) 在网络中根据 QoS 机制并依据分组的 DSCP 值来区分每一类通信，为之服务，包括资源分配、队列调度、分组丢弃策略等，统称为 PHB(Per-Hop Behavior)。

(6) DiffServ 域中的所有节点都将根据分组的 DSCP 字段来遵守 PHB。

4.3.3　报文的分类及标记

报文的分类是指对待转发的数据包进行入队的操作。实现 DiffServ 差分服务模型就是根据不同的队列设置不同的服务类型，这需要用到报文的分类如图 4-21 所示。

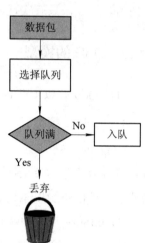

图 4-21　报文的分类

网络管理者可以设置报文分类的策略，这个策略可以包括：物理接口、源地址、目的地址、lMAC 地址、lIP 协议、应用程序的端口号。

一般的分类算法都局限在 IP 报文的头部，包括链路层(Layer2)、网络层(Layer3)、传输层(Layer4)，很少使用报文内容作为分类标准。

分类的结果没有范围限制，它可以是一个由五元组(源地址、源端口号、协议号码、目的地址、目的端口号)确定的流，也可以是到某个网段的所有报文。

报文分类使用如下技术：

(1) 基于访问控制列表 ACL。

(2) 基于 IP 优先级。

一般在网络的边界，使用 ACL 来进行报文的分类，同时对分类后的数据进行标记；在网络内部，节点就根据标记进行服务的分类。

4.3.4　流量监管

令牌桶是控制接口速率的一个常用算法。令牌桶的参数包括：

lCIR：约定信息速率。

lBc：承诺突发量，网络允许用户以 CIR 速率在 Tc 时间间隔内传送的数据量。

lBe：最大突发量，网络允许用户在 Tc 时间间隔内传送的超过 Bc 的数据量。

lTc：抽样间隔时间，每隔 Tc 时间间隔对虚电路上的数据流量进行监视和控制，即 Tc=Bc/CIR。

首先，根据预先设置的匹配规则来对报文进行分类。如果是没有规定流量特性的报文，就直接继续发送，并不需要经过令牌桶的处理；如果是需要进行流量控制的报文，则会进入令牌桶中进行处理。如果令牌桶中有足够的令牌可以用来发送报文，则允许报文通过，报文可以被继续发送下去；如果令牌桶中的令牌不满足报文的发送条件，则报文被丢弃。这样，就可以对某类报文的流量进行控制。

令牌桶按用户设定的速度向桶中放置令牌，并且用户可以设置令牌桶的容量，当桶中令牌的量超出桶的容量的时候，令牌的量不再增加。当报文被令牌桶处理时，如果令牌桶中有足够的令牌可以用来发送报文，则报文可以通过，同时，令牌桶中的令牌量根据报文的长度做相应的减少。当令牌桶中的令牌少到报文不能再发送时，报文被丢弃。

令牌桶是一个控制数据流量的很好的工具。当令牌桶中充满令牌的时候，桶中所有的令牌代表的报文都可以被发送，这样可以允许数据的突发性传输。当令牌桶中没有令牌的时候，报文将不能被发送，只有等到桶中生成了新的令牌，报文才可以被发送，这使得报文的流量只能小于等于令牌生成的速度，达到限制流量的目的。

令牌桶的参数的解释如下(在 Tc 内)：

(1) 当用户数据传送量小于等于 Bc 时，继续传送收到的帧。

(2) 当用户数据传送量大于 Bc 但小于等于 Bc+Be 时，若网络未发生严重拥塞，则继续传送，否则将这些帧丢弃。

(3) 当用户数据传送量大于 Bc+Be 时，将超过范围的帧丢弃。

举例来说，如果约定一个队列的 CIR=128 Kb/s，Bc=128 kb，Be=64 kb，则 Tc=Bc/CIR=1 s。在这一段时间内，用户可以传送的突发数据量可达到 Bc+Be=192 kb，传送数据的平均速率为 192 kb/s，其中，正常情况下，Bc 范围内的 128 kb 的帧在拥塞情况下也会被送达终点用户，若发生了严重拥塞，这些帧会被丢弃。

我们可以也对 Be 范围内的 64 Kb 的帧采取标记，在网络未发生拥塞的时候，继续发送这些标记的报文；而在网络发生拥塞的时候，优先丢弃这些标记的报文。

令牌桶机制如图 4-22 所示。

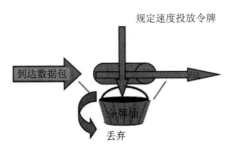

规定速度投放令牌

到达数据包

令牌桶

丢弃

图 4-22　令牌桶机制

4.3.5　CAR

流量监管的典型作用是限制进入某一网络的某一连接的流量与突发。在报文满足一定的条件时，如果某个连接的报文流量过大，流量监管就可以对该报文采取不同的处理动作，如丢弃报文、重新设置报文的优先级等。通常的用法是使用 CAR(Committed Access Rate，CAR)来限制某类报文的流量，例如限制 FTP 报文不能占用超过 40%的网络带宽。

CAR 是利用令牌桶进行流量控制的，过程如下：

(1) 首先报文被分类，如果通过分类识别出报文是某类要处理的报文，则进入令牌桶中进行处理。

(2) 如果令牌桶中有足够的令牌可以用来发送报文，则认为是 Conform；如果令牌不够，则认为是 Exceed。

(3) 然后在后面的动作机制中，可以分别对 Conform 的报文进行发送、丢弃、着色等处理。

当 CAR 用做流量监管时，一般配置为：对 Conform 的报文进行发送，对 Exceed 的报文进行丢弃。也就是令牌桶中的令牌足够时报文被发送，不够时报文被丢弃，这样就可以对某类报文的流量进行控制。

CAR 还可以进行报文的标记(Mark)，或者说着色。CAR 可以通过 Precedence 或者 DSCP 来标记报文。例如，当报文符合流量特性的时候，可以设置报文的优先级为 4，当报文不符合流量特性的时候，可以丢弃，也可以设置报文的优先级为 1 并继续进行发送。在后续节点中，我们可以设置为优先丢弃优先级 1 的报文。

4.3.6 拥塞管理

随着业务的增加，网络面临更大的压力，局部可能出现拥塞的情况，比如多个链路向一个链路突发、流量过大、高速链路向低速链路传送等。在拥塞发生的时候，设备默认采取尾丢弃策略。如果不加以控制，有些应用会因为丢弃而重传，造成下一个周期的拥塞，引起网络的恶性循环。

另外，在拥塞发生的时候，有时导致拥塞的是非关键的业务，比如 FTP。相对而言，语音和视频需要更高的服务要求。实际上，在现代的生产中，语音和视频可能比 FTP 更为关键，所以就有必要对服务质量进行控制，在拥塞发生时，牺牲非关键业务来保证网络对关键业务的服务质量。没有这些服务质量控制，不太重要的应用可能会很快将网络资源用尽，其代价是那些更重要的应用不能使用网络资源，从而浪费用户的投资。

拥塞管理处理的方法是使用队列技术，将所有要从一个接口发出的报文通过一定的规则导入到多个队列，按照各个队列的服务级别进行处理。

不同队列的算法用来解决不同的问题并产生不同的效果。常用的队列有 FIFO、PQ、CQ、WFQ 等。

拥塞管理的特点可以概括为以下两点：

(1) 网络拥塞时，保证不同类别的报文得到不同的服务。

(2) 将不同类别的报文导入不同的队列，不同队列将得到不同的调度优先级、概率或带宽保证。

拥塞管理常用的算法包括：FIFO(First In First Out)、PQ(Priority Queue)、CQ(Custom Queue)、WFQ(Weighted Fair Queuing)。

拥塞管理的原理如图 4-23 所示。

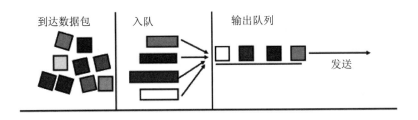

图 4-23　拥塞管理

4.3.7　FIFO

FIFO 即先进先出队列(First In First Out Queuing)。先进先出队列不对报文进行分类，当报文到达时，FIFO 按报文到达接口的先后顺序让报文进入队列，同时，FIFO 在队列的出口让报文按进队的顺序出队，先进的报文将先出队，后进的报文将后出队。

Internet 的默认服务模式——Best-Effort 采用 FIFO 队列策略。

FIFO 工作原理如图 4-24 所示。

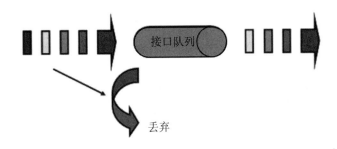

图 4-24　FIFO 工作原理

4.3.8　PQ

优先队列(Priority-Queueing)，实行严格优先级调度。优先队列(PQ)对报文进行分类，最多可将所有报文分成四类，分别属于 PQ 的四个队列中的一个。然后，按报文的类别将报文送入相应的队列。PQ 的四个队列分别为高优先队列(High)、中等优先队列(Medium)、正常优先队列(Normal)和低优先队列(Low)，它们的优先级依次降低。

在报文出队的时候，PQ 总是让高优先队列中的报文首先出队并发送，直到高优先队列中的报文发送完，再发送中等优先队列中的报文。同样，中等优先队列中的报文发送完后，再发送正常优先队列中的报文，最后是低优先队列。这样，分类时属于较高优先级队列的报文将会得到优先发送，而较低优先级的报文会在发生拥塞时被较高优先级的报文抢先。这使得关键业务的报文总能够得到优先处理，非关键业务的报文在网络处理完关键业务后的空闲中得到处理，既保证了关键业务的及时处理，又充分利用了网络资源。

PQ 工作原理如图 4-25 所示。

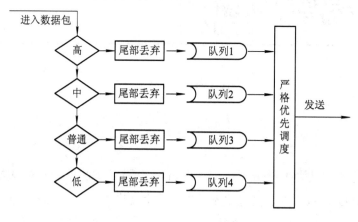

图 4-25 PQ 工作原理

4.3.9 CQ

定制队列(Custom Queueing，CQ)，采用轮询调度，最多可将所有报文分成 17 类，分别属于 CQ 的 17 个队列中的一个。CQ 的 17 个队列中，0 号队列是优先队列，路由器总是先把 0 号队列中的报文发送完，然后才处理 1 到 16 号队列中的报文，所以 0 号队列一般作为系统队列，把实时性要求高的交互式协议报文放到 0 号队列。1～16 号队列可以按用户的要求分配它们能占用接口带宽的比例，在报文出队的时候，CQ 按定义的带宽比例分别从 1～16 号队列中取一定量的报文从接口上发送出去。

CQ 和 PQ 的区别如下：

PQ 赋予较高优先级的报文绝对的优先权，这样虽然可以保证关键业务的优先，但在较高优先级报文的速度总是大于接口的速度时，将会使较低优先级的报文始终得不到发送的机会。采用 CQ 则可以避免这种情况的发生，CQ 可以把报文分类，然后按类别将报文分配到 CQ 的一个队列中去，而对每个队列，又可以规定队列中的报文所占接口带宽的比例，这样，就可以让不同业务的报文获得合理的带宽，从而既保证关键业务能获得足够的带宽，又不至于使非关键业务得不到处理。

CQ 工作原理如图 4-26 所示。

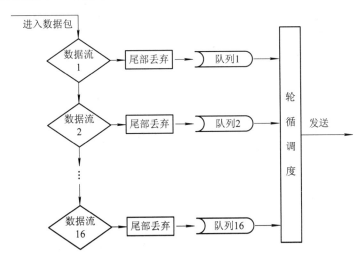

图 4-26　CQ 工作原理

4.3.10　WFQ

加权公平队列(Weight Fair Queueing，WFQ)，采用基于权重的轮询调度，最多可以将报文分成 64 类。WFQ 是一个复杂的排队过程，可以保证相同优先级业务间公平，不同优先级业务间加权。依靠优先级进行加权计算，在保证公平(带宽、延迟)的基础上体现权值，权值大小依赖于 IP 报文头中携带的 IP 优先级(Precedence)。

WFQ 对报文依据源 IP 地址、目的 IP 地址、源端口号、目的端口号、协议号、Precedence 对报文进行 HASH 算法，根据计算结果分配到不同的队列。在出队的时候，WFQ 根据流的优先级(Precedence)来分配每个流应占有出口的带宽。优先级的数值越小，所得的带宽越少；优先级的数值越大，所得的带宽越多。这样就保证了相同优先级业务之间的公平，不同优先级业务之间加权。

如：接口中当前有 6 个流，它们的优先级分别为 0、2、2、5、6、7，则带宽的总配额将是所有(流的优先级 + 1)的和，即 $1 + 3 + 3 + 6 + 7 + 8 = 28$。

每个流所占带宽比例为：(自己的优先级数 + 1) / (所有(流的优先级 + 1)的和)，即每个流可得的带宽分别为：1/28、3/28、3/28、6/28、7/28、8/28。

由此可见，WFQ 在保证公平的基础上对不同优先级的业务体现权值，而权值依赖于 IP 报文头中所携带的 IP 优先级。

WFQ 工作原理如图 4-27 所示。

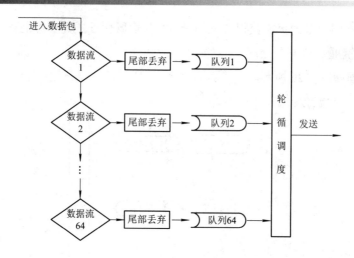

图 4-27　WFQ 工作原理

4.3.11　CBWFQ

CBWFQ 是基于类的加权公平队列(Class Based Weight Fair Queueing)，实质上是 CQ 和 WFQ 的结合。

对于 WFQ，流的分类是 HASH 算法自动完成的，也就是按照默认的优先级参数进行入队操作，同时对各个队列实行优先级的权重分配。如果网络边缘没有对报文的优先级进行标记，那么，实际上 WFQ 并不能实现业务的差别服务。而 CQ 尽管能对业务实行差别服务，但是总共才能区分 16 个类别。CBWFQ(基于类的加权公平队列)结合 CQ 与 WFQ 各自的优点，在分类的时候能够自行定义流的参数，并且对关键业务设置较高的优先级，来保证发送的时候有较大的权重，同时，提供高达 64 个队列，来尽可能地满足不同业务的区分。这样，每个队列将会获得预期的服务。当各个队列满时，实行尾丢弃。

CBWFQ 的工作原理如图 4-28 所示。

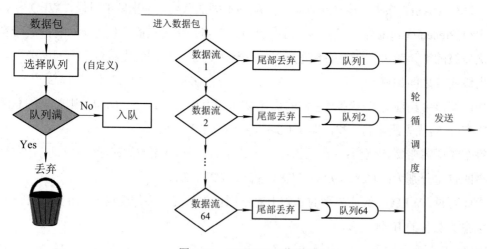

图 4-28　CBWFQ 工作原理

4.3.12　拥塞避免

网络拥塞的情况如图 4-29 所示。

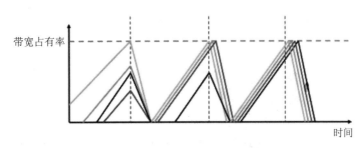

图 4-29　网络拥塞的情况

随着网络通信业务量的提高，拥挤的可能性也增加了，最终各个队列将达到最大长度，这时数据包将不受控制地被丢弃。如果不加以控制，这可能造成网络性能的恶性循环；因为 TCP 总是试图提高它的数据传输速率，直到出现丢失数据包或者 TCP 窗口传输尺寸达到最大为止，因此缓冲器将经常被填满，从而引发 TCP 的慢启动和拥塞避免机制，使 TCP 减少报文的发送。当队列同时丢弃多个 TCP 连接的报文时，将造成多个 TCP 连接同时进入慢启动和拥塞避免，即 TCP 全局同步。这样多个 TCP 连接发向队列的报文将同时减少，使得发向队列的报文的量不及线路发送的速度，减少了线路带宽的利用；并且，发向队列的报文的流量总是忽大忽小，使线路上的流量总在极少和饱满之间波动。

RED(Random Early Detection)随机早期检测和 WRED(Weighted Random Early Detection)加权随机早期检测就是用于避免拥塞的方法。WRED 与 RED 的区别在于前者引入 IP 优先权来区别丢弃策略。

加权随机早期检测(Weighted Random Early Detection, WRED)采用随机丢弃策略，避免了尾部丢弃的方式引起的 TCP 全局同步。用户可以设定队列的低限和高限。当队列的长度小于低限时，不丢弃队列；当队列的长度在低限和高限之间时，WRED 开始随机丢弃报文，队列的长度越长，丢弃的概率越高；当队列的长度大于高限时，丢弃所有到来的报文。

通过开始丢弃数据包的过程，加权随机早期检测(WRED)能有助于避免缓冲出现不受控地丢失数据包，不受控地丢弃数据包可能会对应用性能带来重大影响。

WRED 允许系统管理员来规定当达到某一缓冲门限时，先丢弃哪些通信业务，例如：两个通信业务可以分别定义为标准和优先，关键业务应用可以设置为优先门限而另一个通信业务可以设置为标准门限。如果队列到达缓冲阀值，属于标准类别的数据包将被随机丢弃。当缓冲被继续填充时，标准类别应用的丢弃概率将提高。优先服务可以配置为更高的缓冲阀值，因此可以享受更低的丢弃概率；因为他们不会到达他们的高限(除非网络由于更高优先等级的应用而拥挤时),较高优先等级的应用将继续能有最佳的 TCP 窗口大小和性能。其结果是关键任务通信业务不受降低有限等级应用的影响。

可以为不同优先级(Precedence)的报文设定不同的队列阀值、丢弃概率,从而对不同优先级的报文提供不同的丢弃特性。

WRED 的工作原理如图 4-30 所示。

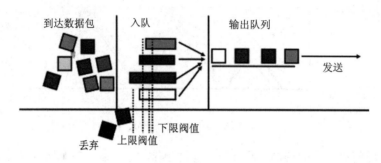

图 4-30 WRED 的工作原理

4.3.13 QoS 功能

QoS 的功能是具备完善的 QoS 调度机制,提供高质量的业务传送服务。

1. QoS 基本功能

1) 流量分类

QoS 支持基于端口及二层、三层、四层数据包头内容的分类,包括物理接口、源地址、目的地址、MAC 地址、IP 协议或应用程序的端口号。

2) 流量策略

QoS 具有以下功能:

(1) 支持流量监管功能,采用 ACL(Access Control List)实现流分类,基于流实现承诺信息速率(CIR)、承诺突发长度(CBS)和超额信息速率(EIR)、超额突发长度(EBS),支持双令牌桶。

(2) 对于超合约速率流量支持丢弃、标记颜色等策略动作。

(3) 支持入口和出口的流量监管。

3) 拥塞避免

拥塞避免主要完成业务缓冲和丢弃处理,在网络节点发生拥塞时可以有选择有区别地丢弃少量数据包,对网络拥塞情况进行缓解。QoS 具有以下功能:

(1) 支持基于流的带宽控制。

(2) 支持避免包头阻塞功能。

(3) 支持自适应阈值管理。

(4) 支持以太网业务的约定访问速率(CAR)。

(5) 每个端口支持最少八个优先级队列，每队列支持最小或最大带宽管理。

(6) 支持尾部丢弃和加权随机早期检测(WRED)的拥塞避免。

(7) 支持基于差分服务(DiffServ)的 QoS 调度。

4) 队列调度

QoS 支持根据不同种类的业务采用混合灵活的队列调度。

(1) 支持每端口八个等级的队列的业务调度。

(2) 每队列支持最小/最大带宽管理。

(3) 支持严格优先级(SP)、加权轮询(WRR)、赤字加权轮询(DWRR)和 SP+DWRR 混合方式的队列调度。

5) 流量整形(Shaping)

QoS 支持基于优先级队列的流量整形功能和基于端口的流量整形功能。

2．隧道 QoS 功能

隧道 QoS 支持基于 DiffServ 模型的 MPLS QoS。MPLS QoS 完成 MPLS、IP、Ethernet 报文之间优先级的映射，并根据标签中 EXP 的值来区分不同业务的数据流，实现业务的差别服务，保证语音、视频等业务的服务质量。支持管道 QoS 模式的 MPLS QoS 服务。

3．以太网 QoS 功能

QoS 提供增强的 Ethernet 服务质量控制，实现基于 802.1P 的 VLAN 优先级的丢弃分级。

4．QoS 模型

QoS 提供层次化的 QoS 模式，可使网络运营商为用户提供具有不同服务质量等级的服务保证。其提供的 QoS 功能模型如图 4-31 所示。

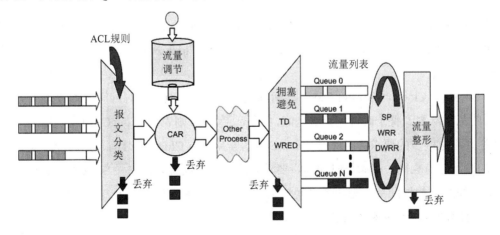

图 4-31　QoS 功能模型

4.4 PTN 同步技术

4.4.1 同步技术基本概念

分组传送网 PTN 主要以承载无同步要求的分组业务为主,但现实中依然存在大量的 TDM 业务,在分组传送网中如何保证 TDM 业务的同步特性比较重要,同时很多应用场景需要传送网提供同步功能,典型情况为移动技术下严格的同步要求。为了满足不同的应用场景,PTN 需要实现业务同步和网络同步功能,网络同步中要支持时钟同步和时间同步。

同步技术中涉及几个基本术语:频率同步、相位同步、时间同步。三者之间的关系如图 4-32 所示。

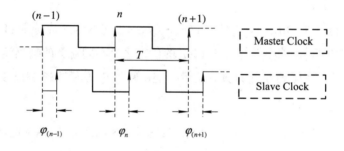

图 4-32 同步技术的基本概念

(1) 频率同步:通常称为时钟同步,Slave Clock 与 Master Clock 之间的频率差小于某个范围。

(2) 相位同步:任何时刻,Slave Clock 与 Master Clock 之间的相位差 φ_n 小于某个范围。

(3) 时间同步:任何时刻,Slave Clock 与 Master Clock 所代表的绝对时间差小于某个范围。

如果 Slave Clock 与 Master Clock 之间满足频率同步,但两个时钟间的相位差 φ_n 是不确定,φ_n 的范围从零到整个时钟周期 T 之间,如果 φ_n 趋于 0,则表示 Slave Clock 与 Master Clock 之间达到相位同步的要求,但此时 Slave Clock 与 Master Clock 的时间起点可能不同,如果两者的时间起点相同,则满足时间同步要求。因此,一般说来,如果 Slave Clock 与 Master Clock 之间达到相位同步,则两者之间满足频率同步;如果 Slave Clock 与 Master Clock 之间达到时间同步,则两者之间满足相位同步和频率同步。

4.4.2　同步相关标准

基于电路交换的传统网络，由于数据流是恒定速率的，因此可以很容易从数据流中恢复出所需要的时钟信息，并保持源和宿之间的同步状态。对于分组传送网，多基于存储转发或类似技术，并且突发业务可能会导致网络出现拥塞等情况，影响业务均匀传送，这样业务在经过网络传送时，如果直接从业务流中恢复时钟，则源和宿之间可能会出现缺乏同步、延迟范围大等现象。因此，对于分组传送网络，需要用特定的技术方法来实现同步。当前，分组网络上同步相关标准如下：

(1) ITU-TG.8261 分组交换网络同步定时问题(Timing and Synchronization Aspects of Packet Networks)

(2) ITU-TG.8262 同步以太网设备时钟(EEC)定时特性(Timing Characteristics of Synchronous Ethernet Equipment Slave Clock (EEC))。

(3) ITU-TG.8263 分组交换设备时钟(PEC)与分组交换业务时钟(PSC)的定时特性(Timing Characteristics of Packet Based Equipment Clocks (PEC) and Packet Based Service Clocks (PSC))。

(4) ITU-TG.8264 分组交换网络的定时分配(Timing Distribution Through Packet Networks)。

(5) ITU-TG.8265 分组交换网络的相位和时间分配(Time and Phase Distribution Through Packet Networks)。

(6) IEEE 1588 V2 精确时钟协议(PTP)(Precision Clock Synchronization Protocol for Networked MeasurEment and Control Systems)。

4.4.3　同步方式

同步相关标准和建议描述了分组网络上实现同步的多种方案和指标要求，这里重点对方案进行介绍。在分组网络上可能的同步方案有以下五种。

1. 同步以太网

传统以太网是一个异步系统，各网元之间不处于严格的同步状态也能正常工作，但实际上在物理层，设备都会从以太网端口进入的数据流中提取时钟，然后对业务进行处理，由于网元之间、端口之间无明确的同步要求，导致整个网络也是不同步的。

为了实现网络同步，可以参考 SDH 技术的实现方式实现同步以太网。

(1) 在以太网端口接收侧，从数据流中恢复出时钟，将这个时钟信息送给设备统一的锁相环 PLL 作为参考。

(2) 在以太网端口发送侧，统一采用系统时钟发送数据。

同步以太网方式如图 4-33 所示。

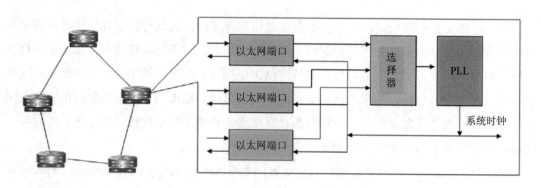

图 4-33 同步以太网方式

2. 自适应方式

自适应方式特点如下：

(1) 自适应方式不需要网络处于同步状态，业务通过网络传送后直接从分组业务流中恢复出时钟信息。

(2) 在网络出口处，根据业务流缓存的情况调整输出的频率。

如果业务缓存逐渐增加，则将输出频率加快；如果业务缓存逐步减少，则将输出频率减慢。

自适应同步方式如图 4-34 所示。

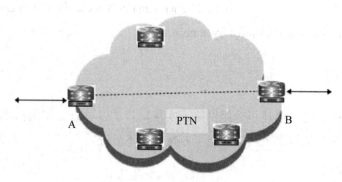

图 4-34 自适应同步方式

3. 差分方式

差分方式特点如下：

(1) 在进入网络时，记录业务时钟与参考时钟 PRC 之间的差别，形成差分时钟信息，并传递到网络出口处。

(2) 在网络出口的地方，根据参考时钟、差分时钟信息恢复出业务时钟。

(3) 整个 PTN 网络可以不在同步状态，但需要在网络入口和出口位置提供参考时钟 PRC。

差分同步方式如图 4-35 所示。

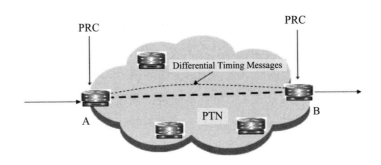

图 4-35　差分同步方式

4. 外同步方式

外同步方式指客户侧 CE 有参考时钟 PRC，业务时钟直接从 PRC 获取，PTN 网络只负责业务的传送，如图 4-36 所示。

图 4-36　外同步方式

5. IEEE 1588 V2 时钟

IEEE 1588 V2 是一种精确时间同步协议，简称 PTP(Precision Time Protocol)协议，它是一种主从同步系统，其核心思想是采用主从时钟方式，对时间信息进行编码，利用网络的对称性和延时测量技术，实现主从时间的同步。

在系统的同步过程中，主时钟周期性发布 PTP 时间同步协议及时间信息，从时钟端口接收主时钟端口发来的时间戳信息，系统据此计算出主从线路时间延迟及主从时间差，并利用该时间差调整本地时间，使从设备时间保持与主设备时间一致的频率与相位。

IEEE 1588 V2 协议支持如下几种工作模式：

(1) 普通时钟：只有一个端口支持 1588 V2 协议。

(2) 边界时钟：有多个端口支持 1588 V2 协议。

(3) 透明时钟：节点不运行 1588 V2 协议，但需要对时间戳进行修正，在转发时间报文时将本点处理该报文的时间填写在修正位置。

(4) 管理节点：在上述模式基础上增加网管接口功能。

IEEE 1588 V2 将整个网络内的时钟分为两种，即普通时钟(OC)和边界时钟(BC)，其中，边界时钟通常用在确定性较差的网络设备(如交换机和路由器)上。

从通信关系上又可把时钟分为主时钟和从时钟，理论上任何时钟都能实现主时钟和从时钟的功能，但一个 PTP 通信子网内只能有一个主时钟。整个系统中的最优时钟为最高级时钟(GMC)，有着最好的稳定性、精确性、确定性等。根据各节点上时钟的精度和级别以及 UTC(Universal Time Constant)的可追溯性等特性，由最佳主时钟算法(BMC)来自动选择各子网内的主时钟；在只有一个子网的系统中，主时钟就是最高级时钟 GMC。每个系统只有一个 GMC，且每个子网内只有一个主时钟，从时钟与主时钟保持同步，均支持 IEEE 1588 V2 协议，实现时钟和时间同步。

IEEE 1588 V2 时钟的传送过程如图 4-37 所示。

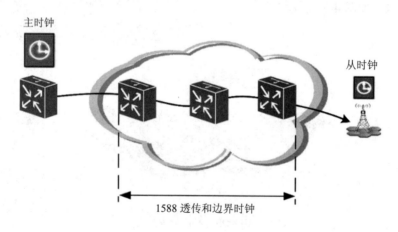

图 4-37　1588 V2 时钟传送示意图

IEEE 1588 V2 的关键在于延时测量。为了测量网络传输延时，IEEE 1588 V2 定义了一个延迟请求信息 Delay Request Packet (Delay Req)。从属时钟在收到主时钟发出的时间信息后 T_3 时刻发延迟请求信息包 Delay Req，主时钟收到 Delay Req 后在延迟响应信息包 Delay Request Packe(Delay Resp)加时间戳，反映出准确的接收时间 T_4，并发送给从属时钟，故从属时钟就可以非常准确地计算出网络延时。

由于：

$$T_2 - T_1 = \text{Delay} + \text{Offset} \quad T_4 - T_3 = \text{Delay} - \text{Offset}$$

故可得：

$$\text{Delay} = \frac{T_2 - T_1 + T_4 - T_3}{2}$$

$$\text{Offset} = \frac{T_2 - T_1 - T_4 + T_3}{2}$$

根据 Offset 和 Delay，从节点就可以修正其时间信息，从而实现主从节点的时间同步。以上过程如图 4-38 所示。

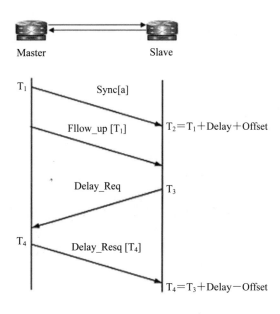

图 4-38　1588 V2 方式下的延时测量

第 5 章

T-MPLS 网络接口与 DCN 通道

5.1　T-MPLS 网络接口

5.1.1　T-MPLS 网络接口划分

T-MPLS 网络接口的定义如图 5-1 所示。

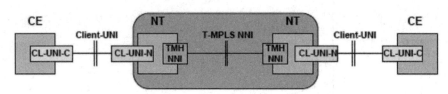

图 5-1　T-MPLS 网络接口定义

CE 和 NT 之间的接口为 UNI 接口，NT 和 NT 之间的接口为 NNI 接口。UNI 接口即用户网络接口，它是用户设备与网络之间的接口，直接面向用户。NNI 接口即网络节点接口或网络/网络之间的接口。

5.1.2　T-MPLS UNI

T-MPLS 网络中的客户层用户网络接口可以用来配置客户层设备(CE)到诸如 IP 路由器、ASON 交换设备等业务节点(SN)的接入链路。

UNI-C 终结在用户边缘设备(CE)，UNI-C 接口主要有以太网、ATM、TDM、帧中继等。UNI-N 终结在 NT 设备。

5.1.3　T-MPLS NNI

T-MPLS NNI 接口包括 MoS、MoE、MoO、MoP。

各协议栈结构可以用图 5-2 综合表示。

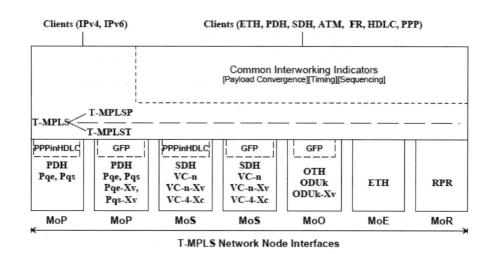

图 5-2　T-MPLS NNI 接口协议栈

下面详细介绍各 T-MPLS NNI 接口。

1. MoE NNI：ETH 承载 T-MPLS(MoE) NNI 接口

按照 G.8112 6.2.2.1 节的规定实现基于以太网链路帧的类型封装。以太网链路帧到 ETY 链路帧的映射在 G.8012 中规定。

2. MoS NNI：SDH 承载 T-MPLS (MoS)的 NNI 接口

按照 G.8112 6.2.2.2 节的规定实现 GFP-F 链路帧的封装。GFP-F 链路帧到 VC11/VC-11-Xv、VC-12/VC-12-Xv、VC-3/VC-3-Xv、VC-4/VC-4-Xv 和 VC-4-Xc 的映射，在 G.707 第 10.6 节中规定。VC 的通道开销和虚级联在 G.707 中规定。

图 5-3 给出了 SDH 承载 T-MPLS 的 NNI 接口的缺省封装描述。

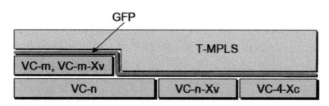

图 5-3　使用 GFP 封装的 SDH 承载 T-MPLS NNI 的单元

3. MoO NNI：OTH 承载 T-MPLS 的 NNI 接口

按照 G.8112 6.2.2.2 节的规定实现。GFP-F 链路帧到 ODUj/ODUk 和 ODUj-Xv 的映射，分别在 G.709 第 17.3 和第 18.4 节中规定。ODU 的通道开销和虚级联在 G.709 中规定。

图 5-4 给出了其基本单元。

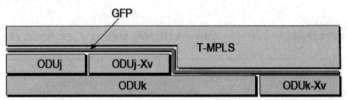

图 5-4　OTH 承载 T-MPLS

4．MoP NNI：PDH 承载 T-MPLS 的 NNI 接口

使用 G.8112 6.2.2.2 节的规定实现 GFP-F 链路帧。GFP-F 链路帧到 P11s/P11s-Xv、P12s/P12s-Xv、P31s/P31s-Xv 和 P32e/P32e-Xv 的映射，在 G.8040 中规定。P11s、P12s 和 P32e 的帧结构在 G.804 中规定，P31s 的帧结构在 G.832 中规定。P11s、P12s、P32s 和 P32e 的虚级联在 G.7043 中规定。对于通道化的 P32e，P11s 到 P32e 的直接复用在 ANSI T1.107 第 9.3 节规定。

图 5-5 描述了使用 GFP-F 的 PDH 承载 T-MPLS NNI 接口中各单元的关系。

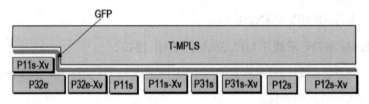

图 5-5　使用 GFP 封装的 T-MPLS over PDHNNI 的单元

5.2　T-MPLS DCN

5.2.1　T-MPLS DCN 的定义

T-MPLS 数据通信网(DCN)为管理平面、控制平面、传送平面内部以及三者之间的管理信息和控制信息通信提供传送通路。DCN 是一种支持第一层(物理层)、第二层(数据链路层)和第三层(网络层)功能的网络，主要承载管理信息和分布式信令消息。

T-MPLS DCN 分为 SCN(信令通信网)和 MCN(管理通信网)。

5.2.2　SCN

1．SCN 和 T-MPLS 数据共享服务层

T-MPLS SCN 信息和 T-MPLS 数据信息可以直接封装到服务层，通过服务层网络进行

传送，通过封装层比如 GFP 的 UPI 进行区分或者通过以太网类型来区分，如图 5-6 所示。

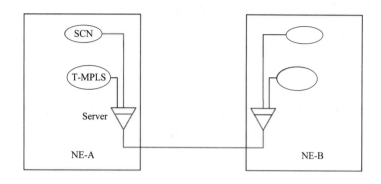

图 5-6 SCN 和 T-MPLS 数据共享服务层

2. SCN 和 T-MPLS 数据共享 T-MPLS 服务层

T-MPLS SCN 和 T-MPLS 可以通过 TM/TM 映射进 T-MPLS 层，通过 T-MPLS 网传送，这时通过 TM/TM 适配时的 S 比特进行区分 SCN 和 T-MPLS 数据信息，如图 5-7 所示。

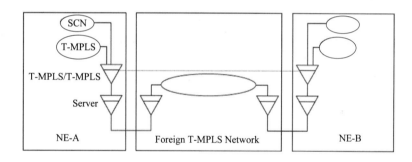

图 5-7 SCN 和 T-MPLS 数据共享 T-MPLS 服务层方式一

T-MPLS SCN 也可以先映射到 T-MPLS 层，和 T-MPLS 数据一起通过 T-MPLS 网络传送，但在不同的 T-MPLS LSP 中传送或者分配给 SCN 特殊标签，比如标签 14，通过 OAM 定义新的类型(FT = 0x28 标识 SCN 信息，FT = 0x29 标识 MCN 信息)，如图 5-8 所示。

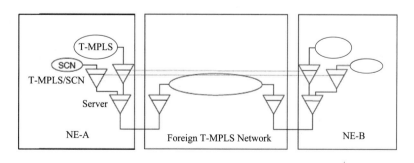

图 5-8 SCN 和 T-MPLS 数据共享 T-MPLS 服务层方式二

3. 独立的 IPT-MPLS SCN 网

这种情况 T-MPLS SCN 由完全独立的 IP 网络设备组成。

5.2.3 MCN

MCN 分为基于 IP 和基于 OSI，基于 IP 的 MCN 处理方法和 SCN 相同，基于 OSI 的 MCN 可以通过 T-MPLS 层传送，也可以直接通过其他服务层网络传送。

第6章

T-MPLS 网络管理与应用

6.1　T-MPLS 网络管理

第 6 章　T-MPLS 网络管理
与应用

6.1.1　T-MPLS 网络管理功能

T-MPLS 网络管理系统能够提供以下管理功能：

(1) 端到端、在管理域内或域之间的故障管理；

(2) 配置管理；

(3) 性能管理；

(4) 网络管理的其他功能，比如账号管理、安全管理等。

6.1.2　T-MPLS 网络安全性

T-MPLS 应提供对数据平面、管理平面、控制平面和 DCN 的安全性保障，一般通过以下安全机制来保证。

1．鉴权认证机制

该机制用于防止怀有恶意的用户发送大量的连接提供请求发起攻击，使传送网资源耗尽，同时也可防止数据通信网自身遭受攻击。

2．防重发攻击机制

该机制用于防止非法用户采用记录、复制、截取或其他手段来影响正常的消息序列，从而使网络免受攻击。

3．消息完整性验证机制

该机制用于防止错误的或不完整的协议消息，例如设备制造商的软件错误或传输错误造成的协议消息错误，对网络造成的冲击。

4．消息的私密性机制

该机制只在一定的实体之间交换某种信息而不让第三方得知。

其中，前三种安全机制可归结为鉴权(使用 MD5 或类似的鉴权技术就可以同时实现这三种机制)，后一种称为加密。鉴权机制提供来源验证、保证消息完整性和防重发攻击的能力，加密机制防止第三方截获和破译协议消息的内容。鉴权和加密机制可以使用对称或公共密钥加密算法来实现。

6.2　T-MPLS 网络的应用

6.2.1　T-MPLS 在网络中的位置

T-MPLS 作为分组传送技术，可以承载以太网业务，提供 Carrier Ethernet 业务，也可以承载 IP/MPLS 业务，作为 IP/MPLS 路由器的核心承载网。同时 T-MPLS 可以承载在 TDM 网络(SDH/OTH)、光网络(波长)和以太网物理层上，设备形态非常灵活，应用广泛，可以应用于电信级以太网和电信级全分组承载网。

T-MPLS 在网络中的应用如图 6-1 所示。

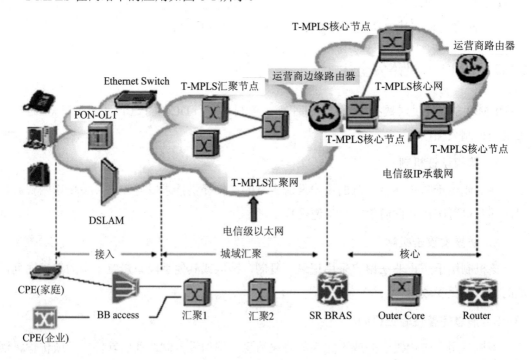

图 6-1　T-MPLS 在网络中的应用

6.2.2　城域网的应用——电信级以太网

T-MPLS 具有以下特点：

(1) T-MPLS 支持单跳和多跳的 PW，使 T-MPLS 成为分组交换传送技术。

(2) T-MPLS 具有良好的 OAM 和生存性机制。

(3) T-MPLS 继承了 MPLS 的 QoS 方面的优势。

(4) T-MPLS 技术可以进行电路仿真，承载 E1/T1 等业务。

因此，从各方面来看，T-MPLS 可以很好地应用在城域网中，满足电信级以太网(Carrier Ethernet)的要求，如表 6-1 所示。

表 6-1　T-MPLS 满足电信级以太网要求

电信级以太网特征	T-MPLS 技术
可扩展性	支持各种以太网接口，通过 MPLS 标签嵌套扩展
QoS	面向连接的技术，资源预留
保护	T-MPLS 线性保护倒换和环网保护
OAM	T-MPLS OAM(CC、AIS、RDI、LB、Lock、TEST、APS)
TDM 支持	PWE3－CES 或利用 SDH 技术

利用 T-MPLS 技术，可以支持 E-Line 和单向的点到多点的业务，结合以太网技术则可以支持 E-Lan 和 Rooted 点到多点业务。

6.2.3　核心网的应用——电信级 IP 核心承载网

光网络中对业务的转发是透明的，无论什么样的业务都可按配置好的电路端到端透明直达，中间无需逐包处理就能达到时延最短和 QoS 最高保障的效果。因此在干线上，最佳的选择是 Router + DWDM，以使不同地点之间的业务经过波分传送直达。由于 DWDM 能提供丰富的物理层保护方式，可减少中间 Router(路由器)层层转发，因此能很好地解决网络 QoS 和安全性问题。

目前在国内，由于城域内光纤管道比较丰富，因此城域核心网用 Router 光纤直驱的方式比较普遍。这种应用模式带来的问题是光纤和管道消耗较快，光纤管理难度大，光纤直驱将会逐步减少。部分运营商由于光纤资源不够丰富，Router 互连常常选择采用城域波分。

随着光器件不断成熟，可配置的 ROADM 和全光交叉 PXC 设备逐步商用化，配合

GMPLS 控制面，波分设备的组网也将彻底摆脱环形结构，具备构建网状网(Mesh Network)的能力，更适合业务传送。"Router＋光纤直驱"的组网方式必将逐步被"Router＋PXC"取代，同时 L3 层复杂的基于 IP 转发的功能也可以转移到基于 T-MPLS 的分组转发设备上，利用 T-MPLS 分组转发设备＋智能的 PXC 组成电信级 IP 承载网。

　　T-MPLS 可以承载 IP/MPLS 业务，利用 IP/MPLS over TMPLS 技术，将为路由器提供高效可靠的承载通道，该通道具有良好的可操作性、生存性，还可以通过分布的 GMPLS 控制面动态地进行通道的建立。

　　T-MPLS 应用在核心网中作为 IP/MPLS 路由器承载网如图 6-2 所示。

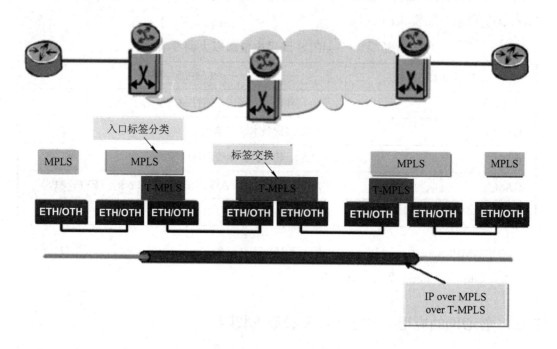

图 6-2　T-MPLS 在骨干网中作为 IP/MPLS 路由器的承载网

6.2.4　T-MPLS 业务

1. T-MPLS 承载的业务类型

T-MPLS 承载的业务类型如下：

(1) 以太网；

(2) ATM；

(3) FR；

(4) TDM(PDH/SDH)；

(5) FC；

(6) IP/MPLS。

2．VPN 业务

T-MPLS 支持的 VPN 业务如下：

(1) VPWS 业务(点到点业务)；

(2) 单向点到多点业务；

(3) 结合以太网技术可以支持 H-VPLS/E-Lan 业务(多点到多点)；

(4) 结合以太网技术可以支持 RMPS 业务(根基点到多点)。

6.3　T-MPLS 和其他网络的互联互通

6.3.1　T-MPLS 网络和其他网络的关系

T-MPLS 与其他网络(以太网/PBT 网络、IP/MPLS 网络、SDH/MSTP 网络)的对应关系可以从 MEF 的电信级以太网(Carrier Ethernet)层网络模型和 IETF PWE3 定义的分层模型的对照来分析，如图 6-3 所示。

MEF 将电信级以太网分为三个层次：

1．应用业务层

应用业务层提供承载在基本二层以太连接业务上的应用，可以是 IP、MPLS、PDH、DS1/E1 等业务。

2．以太业务层

以太业务层是核心，主要提供基本的基于以太 MAC 帧的二层以太连接业务和相关的 OAM 功能。

3．传送业务层

传送业务层提供以太业务层功能单元之间的连接，可以是 IEEE 802.3 PHY、IEEE802.1 Bridged Networks、SONET/SDH High Order/Low Order Path Networks、ATM VC、OTN ODUk、PDH DS1/E1、MPLS LSP 等。

IETF PWE3 从功能模型提出了用于支持伪线的协议分层模型，各层定义如下：

(1) 负载层(Payload)是被承载的业务(例如 Ethernet、ATM、SDH、PDH 等)，对应于 MEF 的应用业务层。

(2) 封装层(EncapSulation/Control Word)用于为特定的负载业务提供映射进 PW 所必需的功能，如业务的汇聚、定时或排序功能。

(3) PW 解复用标识层(PW Demultiplexor)是将多个伪线复用到下层传送时所需的区分标识。

封装层和 PW 解复用标识层共同对应于 MEF 的以太业务层，用于提供上层业务到以太层的适配和以太业务连接。

(4) 分组交换层(PSN)用于为 PW 提供分组传送管道(Trunk/Tunnel)，并具有相应的适配功能。即以太连接业务层提供了业务能力，PSN 层指明了数据的传送路径和方式。

(5) 数据链路层和物理层与 OSI 定义相同。

T-MPLS 和其他网络技术都可以映射到分层模型中，如图 6-3 所示。T-MPLS 技术体系中的 Circuit 层对应于 PWE3 的伪线层，Trunk 层对应于 PSN 隧道层，PW/VPLS 技术对应于 PW 层，而 PSN 隧道层由 MPLS LSP 隧道提供。PBT 对应于 PSN 隧道层，要提供内层的以太业务连接还需要增加伪线层。PBB 技术体系中的外层 PSN 隧道是 BVLAN 的多点隧道，内层以太业务连接能力由 I-tag 来实现。

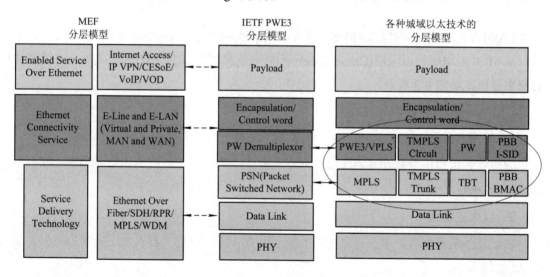

图 6-3 T-MPLS 和 PBT、MPLS 、PBB 的关系

6.3.2 T-MPLS 网络和以太网 PBT 的互联互通

1. T-MPLS 网络与以太网的互通

以太网信号将作为客户信号封装到 T-MPLS PW 中。以太网交换机采用 802.3 接口经过 T-MPLS 网络互连，T-MPLS 网络提供两台以太网交换机之间的 EVC 业务，作为这两台以太网交换机之间的以太链路。

以太业务在 T-MPLS 网络的传递过程如下：

两台以太网交换机将上层业务封装入具有 VLAN 标签或者不具有 VLAN 标签的以太帧，这些以太帧通过 802.3 接口传送到 T-MPLS 网络边缘，在 T-MPLS 网络边缘，以太帧信号可以进行基于端口的映射，将一个物理端口上的所有流量都作为 All to One EVC 业务，映射入一条 T-MPLS Circuit(PW)；或者以太帧信号进行基于 VLAN 的映射，将一个 VLAN 的以太帧信号作为一个 EVC 业务，映射入不同的 T-MPLS Circuit(PW)；最后，一个或多个 T-MPLS Circuit 映射入一条 T-MPLS Path(必要的话，T-MPLS Path 可以嵌套)，传送通过 T-MPLS 网络。

2．T-MPLS 网络与 PBT 网络的互通

目前 PBT 的内层业务能力还没有定义在标准或草案中。如果采用在 PBT Trunk 内增加 PW 来提供内层以太业务连接，T-MPLS 网络和 PBT 的互联互通与 T-MPLS 网络和 IP/MPLS 网络之间的互通十分类似，只是外层隧道的实现方式是基于以太帧头＋BVLAN 的 PBT Trunk，因此，可以参考 T-MPLS 网络和 IP/MPLS 网络之间的互通。

6.3.3　T-MPLS 网络和 IP/MPLS 网络的互联互通

T-MPLS 网络和 IP/MPLS 网络之间的互通包括两个层面：数据平面的互通和控制平面的互通。

对于数据平面，T-MPLS 与 IP/MPLS 网络的互通有以下两种方式。

1．MPLS LSP 封装到 T-MPLS PW

在这种场景下，IP/MPLS LSR 需处理两层标签(PW 标签和 Tunnel LSP 标签)，而 T-MPLS LSR 需要处理三层标签栈(MPLS Tunnel LSP 标签、T-MPLS Circuit 标签和 T-MPLS Path 标签)。这种方式在 ITU-T G.8110.1 T-MPLS Architecture 标准中定义。

1) 数据平面

当两台 IP/MPLS LSR 采用 802.3 接口经过 T-MPLS 网络互连，T-MPLS 网络提供两个 LSR 之间的 EVC 业务，作为这两个 LSR 之间的 IP/MPLS 链路。

(1) IP/MPLS LSR 将 IP/MPLS 分组包封进具有 VLAN 标签或者不具有 VLAN 标签的以太帧。

(2) 这些以太帧通过 802.3 接口传送到 T-MPLS 网络边缘(节点 X 和 Y)。

(3) 在 T-MPLS 网络边缘，以太帧信号作为 All to One EVC 业务，或者作为一个或多个 EVC 和/或捆绑 EVC 业务，映射入一个或多个 T-MPLS Circuit。

(4) 一个或多个 T-MPLS Circuit 映射入一个 T-MPLS Path(必要的话，T-MPLS Path 可以嵌套)，传送通过 T-MPLS 网络。

2) OAM

LSR A 和 LSR B 之间建立 LSP OAM 会话，实现两者之间端到端的 Tunnel 的运行、管理和维护(OAM)功能。LSP OAM 的邻接关系存在于 LSR A 和 LSR B 之间，T-MPLS 网元不参与 IP/MPLS 网络 PW 的 OAM，LSR A 和 LSR B 之间的 LSP OAM 会话对于 T-MPLS 网络来说是透明的。T-MPLS 网络边缘节点 X 和节点 Y 的用户侧接口之间建立基于 G.8114 的会话，实现 T-MPLS Circuit 的端到端 OAM。T-MPLS 网络边缘节点 X 和节点 Y 的网络侧接口之间建立基于 G.8114 的会话，实现 T-MPLS Path 的端到端 OAM。

MPLS LSP 封装到 T-MPLS PW 在 OAM 方面的描述如图 6-4 所示。

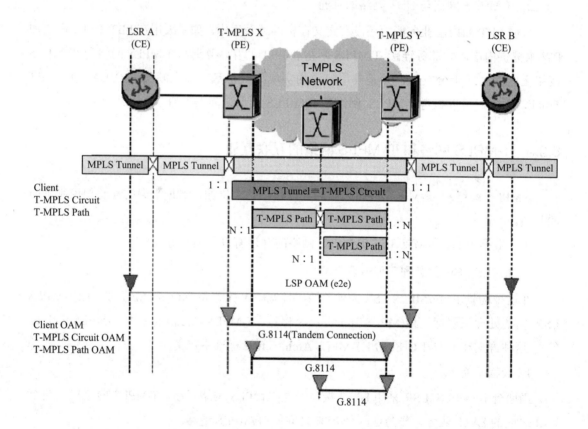

图 6-4 MPLS Tunnel 作为 T-MPLS 网络的客户信号——OAM

3) 控制平面

LSR A 和 LSR B 之间的 IP/MPLS 链路连接由 MPLS RSVP-TE 信令负责端到端的建立、维护和拆除，对 T-MPLS 网元是透明的。T-MPLS Circuit(PW)和 T-MPLS Path 分别由相应的 GMPLS RSVP-TE 信令控制，实现端到端连接的建立、维护和拆除。

MPLS LSP 封装到 T-MPLS PW 在控制平面的描述如图 6-5 所示。

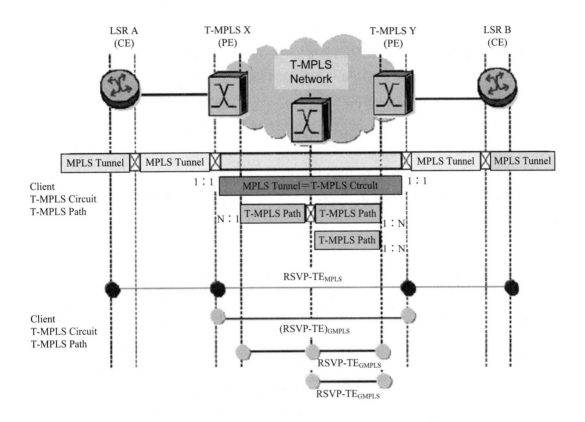

图 6-5　MPLS Tunnel 作为 TMPLS 网络的客户信号-控制平面

2. MPLS 伪线封装到 T-MPLS

在这种场景下，IP LSR 需要处理两层标签(PW 标签和 Tunnel LSP 标签)，而 T-MPLS LSR 需要处理四层标签栈(MPLS PW 标签、MPLS Tunnel LSP 标签、T-MPLS Circuit 标签和 T-MPLS Path 标签)

1) 数据平面

当两台 IP/MPLS LSR 采用 802.3 接口经过 T-MPLS 网络互连，T-MPLS 网络为 LSR 之间的伪线提供 EVC 业务。

(1) 在 T-MPLS 网络的入边缘节点，MPLS Tunnel 将终结，并将 MPLS PW 进行 1∶1 映射到 T-MPLS Circuit(PW)。

(2) 将多条 T-MPLS PW 封装入一条 T-MPLS Path 中传送。

(3) 在 T-MPLS 网络的出边缘节点，T-MPLS Path 将终结，并将 T-MPLS PW 进行 1∶1 映射到 MPLS PW 中。

(4) 将多条 MPLS PW 重新封装入一个新的 MPLS Tunnel 中，传送到 LSR B。

2) OAM

LSR A 和 LSR B 之间为 PW 建立 OAM 会话，实现两者之间端到端的 Tunnel 的运行、管理和维护(OAM)功能。PW OAM 的邻接关系存在于 LSR A 和 LSR B 之间，T-MPLS 网元不参与 IP/MPLS 网络 PW 的 OAM，LSR A 和 LSR B 之间的 PW OAM 会话对于 T-MPLS 网络来说是透明的。MPLS Tunnel 的 PW OAM 会话位于 LSR A(B)和 T-MPLS 边缘节点 X(Y) 之间。T-MPLS 网络边缘节点 X 和节点 Y 的用户侧接口之间建立基于 G.8114 的会话，实现 T-MPLS Circuit 的端到端 OAM。T-MPLS 网络边缘节点 X 和节点 Y 的网络侧接口之间建立基于 G.8114 的会话，实现 T-MPLS Path 的端到端 OAM。

MPLS 伪线封装到 T-MPLS 的过程在 OAM 方面的描述如图 6-6 所示。

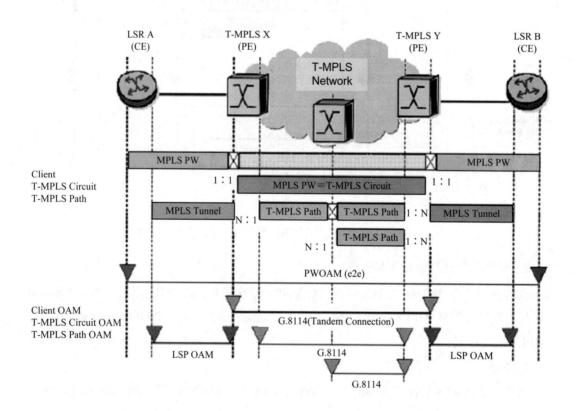

图 6-6 MPLS PW 作为 T-MPLS 网络的客户信号——OAM

3) 控制平面

LSR A 和 LSR B 之间 PW 的端到端连接由负责 PW 的 MPLS RSVP-TE 信令实现端到端的建立、维护和拆除，对 T-MPLS 网元是透明的。MPLS Tunnel 的 LSP 的控制信令 MPLS RSVP 位于 LSR A(B)和 TMPLS 边缘节点 X(Y)之间。T-MPLS Circuit(PW)和 T-MPLS Path 分别由相应的 GMPLS RSVP-TE 信令控制，实现端到端连接的建立、维护和拆除。

MPLS 伪线封装到 T-MPLS 的过程在控制平面的描述如图 6-7 所示。

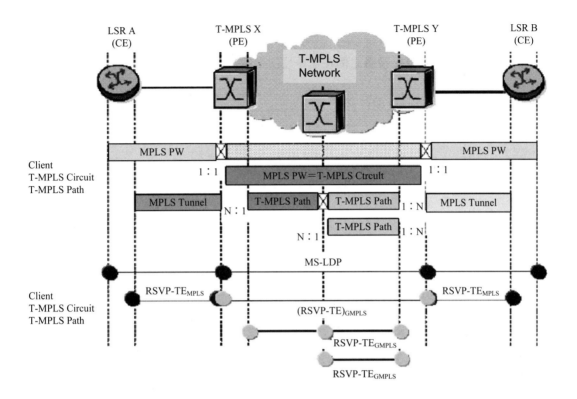

图 6-7　MPLS PW 作为 T-MPLS 网络的客户信号——控制平面

6.3.4　T-MPLS 网络和现有 SDH/MSTP 网络的互联互通

在 T-MPLS 的 Server 层是 SDH 层网络的情况下，可以采用 SDH 路径层代替 PW PSN 传送隧道。这样有效地节省了 T-MPLS 层网络连接和相关的管理和控制平面开销。SDH 路径可以作为"伪线 PSN 隧道"，可以是独立 VC，也可以是级联或虚级联 VC。

T-MPLS 与 SDH/MSTP 的互通与内嵌 MPLS 的 MSTP 之间的互通十分类似，分为四个层次：

1. SDH VC 互通

采用相同的级联/虚级联方式，SDH VC 颗粒度相同。

2. T-MPLS 封装到 SDH VC 互通——GFP 互通

通过 GFP 封装将 LSP 封装到 VCn-Xv 通道中，从而实现不同厂家 MPLS 封装到 SDH VC 的互通。

3. 以太网封装到 T-MPLS 互通

PW 封装互通按照 YD/T 1474-2006 标准中 ETH 封装进 T-MPLS。

4. 信令互通

T-MPLS 设备与 MSTP 设备之间在信令层次上的互通需要双方同时支持相同的标签分配协议来建立 LSP。

模块二

PTN 设备篇

第 7 章

OptiX PTN 960 设备

7.1　OptiX PTN 960 设备产品定位和特点

7.1.1　OptiX PTN 960 产品定位

OptiX PTN 960 是华为公司面向分组传送的新一代移动接入传送设备。

1. 设备简介

OptiX PTN 960 具有以下特点：

(1) 采用分组传送技术，可解决运营商对传送网不断增长的带宽需求和带宽调度灵活性的需求。

(2) 采用 PWE3(Pseudo Wire Emulation Edge to Edge)技术实现面向连接的业务承载。

(3) 支持以 TDM、FE(Fast Ethernet)、GE(Gigabit Ethernet)等多种形式接入基站业务，支持移动通信承载网从 2G/3G 到 LTE 的平滑演进。

(4) 采用针对电信承载优化的 MPLS(Multi-Protocol Label Switch)转发技术，配以完善的 OAM(Operation，Administration and Maintenance)、QoS(Quality of Service)和保护倒换机制，利用分组传送网实现电信级别的业务承载。

OptiX PTN 960 设备外形如图 7-1 所示。

图 7-1　OptiX PTN 960 设备外形

2. 网络应用

OptiX PTN 960 可以放在基站侧做基站业务接入,也可以放置在汇聚节点做业务汇聚设备,将多个 OptiX PTN 910 接入的业务经过整合后传送到更高层次的设备中。

OptiX PTN 960 的典型组网如图 7-2 所示。OptiX PTN 960 通过 E1、FE/GE 从基站侧接入业务,PTN 设备之间采用 FE、GE/10GE 接口组网。在 BSC(Base Station Controller) / RNC(Radio Network Controller)侧的 OptiX PTN 3900/3900-8 将业务汇聚后连接到 BSC/RNC。

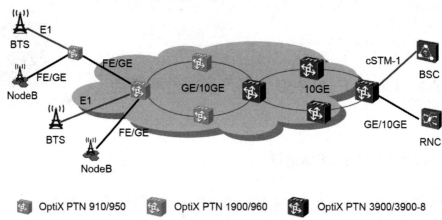

图 7-2 OptiX PTN 960 的典型组网

7.1.2 OptiX PTN 960 设备特点

OptiX PTN 960 支持多种业务类型并提供丰富的功能特性,以保证业务传输质量与效率。

1. 丰富的业务类型

OptiX PTN 960 支持 CES(Circuit Emulation Service)业务和 L2VPN 业务。OptiX PTN 960 支持的业务类型如表 7-1 所示。

表 7-1 OptiX PTN 960 支持的业务类型

业务类型		描 述
CES 业务		支持 E1 接口、Fractional E1 接口、通道化 STM-1 接口(VC12)接入
L2VPN 业务	以太专线业务(E-Line)	点对点的以太网仿真业务,即 VPWS(Virtual Private Wire Service)业务
	以太专网业务(E-LAN)	多点对多点的以太网仿真业务,即 VPLS(Virtual Private LAN Service)业务

2. 强大的处理能力

OptiX PTN 960 设备的业务处理能力包括交换能力和业务接入能力。

1）交换能力

OptiX PTN 960 支持的最大业务交换能力如表 7-2 所示。

表 7-2　OptiX PTN 960 支持的最大业务交换能力

最大业务交换能力	线速 I/O 能力
TND3CXPA：44 Gb/s TND3CXPB：56 Gb/s	TND3CXPA：44 Gb/s TND3CXPB：56 Gb/s
TND3CXPA: OptiX PTN 960 交换容量的出方向和入方向均为 44 Gb/s TND3CXPB: OptiX PTN 960 交换容量的出方向和入方向均为 56 Gb/s	

2）最大接入能力

OptiX PTN 960 各种接口的最大接入能力如表 7-3 所示。

表 7-3　OptiX PTN 960 支持的最大接入能力

业务类型	单板接入能力	整机接入能力
10 GE 光接口	EX1(1)	TND3CXPA: 2 TND3CXPB: 4
GE 光接口	EM8F(8) EM4F(4)	24
GE 电接口	EM8T(8) EM4T(4)	24
FE 光接口	EM8F(8) EM4F(4)	24
FE 电接口	EM8T(8) EM4T(4)	24
10M 电接口	EM8T(8) EM4T(4)	24
E1	TND2MD1A/TND2MD1B(32) TND3ML1A/TND3ML1B(16)	192
通道化 STM-1(VC12)	TND1CQ1B(4)	24

3. 丰富的接口类型

OptiX PTN 960 的对外接口包括业务接口和管理及辅助接口。

1) 业务接口

OptiX PTN 960 支持的业务接口如表 7-4 所示。

表 7-4　OptiX PTN 960 支持的业务接口

接口类型	描　述	备　注
10GE	光接口：10GBASE-LR、10GBASE-ER、10GBASE-ZR	可用于用户侧和网络侧
GE	光接口：1000BASE-SX、1000BASE-LX、1000BASE-VX、1000BASE-ZX、1000BASE-CWDM、1000BASE-BX 电接口：1000BASE-T	可用于用户侧和网络侧
FE	光接口：100BASE-FX 电接口：100BASE-TX 电接口：10BASE-TX	可用于用户侧和网络侧 说明：FE 电接口不建议作为网络侧接口
通道化 STM-1（VC12）	STM-1 光接口：S-1.1、L-1.1、L-1.2	可用于用户侧
E1	75 Ω / 120 Ω E1 电接口	可用于用户侧

2) 管理及辅助接口

OptiX PTN 960 提供的管理及辅助接口如表 7-5 所示。

表 7-5　OptiX PTN 960 提供的管理、时钟/时间及辅助接口

接口类型	描　述	数　量
管理	网管网口	1(RJ-45)
	网管串口	
时钟	120 Ω 时钟接口	1(RJ-45)
时间	120 Ω 时间接口	1(RJ-45)
辅助	告警输入接口(共 3 通道)	1(RJ-45)
	告警输出接口(共 1 通道)	

4．保护能力

OptiX PTN 960 提供丰富的设备级保护和网络级保护。

OptiX PTN 960 提供丰富的设备级保护，如表 7-6 所示。

表 7-6　OptiX PTN 960 提供的设备级保护

保 护 对 象	保 护 方 式	是否自动恢复
控制、交换与时钟板	1+1 热备份	非恢复
电源板	1+1 热备份	—

OptiX PTN 960 提供丰富的网络级保护，如表 7-7 所示。

表 7-7　OptiX PTN 960 提供的网络级保护

保 护 对 象	保 护 方 式
MPLS Tunnel	MPLS Tunnel 1：1 APS 保护
PW	1：1 APS 保护
环上的网络侧链路与节点	MPLS 环网保护
双归节点、双归节点 AC 侧链路、业务 PW	二层业务双归保护 说明：Optix PTN 960 只能作为非双归节点
Ethernet 链路	UNI 侧板内 LAG(Link Aggregation Group)保护、UNI 侧板间 LAG 保护
通道化 STM-1(VC12)	1+1/1：1 线性复用段保护

5．分层的 OAM

OptiX PTN 960 提供丰富的 OAM 功能，实现多个层面的监控、故障检测和定位。OptiX PTN 960 支持的 OAM 功能如表 7-8 所示。

表 7-8　OptiX PTN 960 支持的 OAM 功能

OAM 类型	实现的 OAM 功能
MPLS-TP OAM	Section OAM
	LSP OAM(MPLS Tunnel OAM)
	PW OAM
MPLS Tunnel OAM	CV/FFD
	Ping
	Traceroute
	性能监控

续表

OAM 类型	实现的 OAM 功能
PW OAM	CV/FFD
	Ping
	Traceroute
	性能监测
以太业务 OAM	CC
	LB
	LT
	性能监测
以太端口 OAM	以太网物理链路的连通性及性能检测
ATM 业务告警传递	
CES OAM	CES 告警传递
LPT	故障检测
可测试性	E1/VC12 支持 PRBS 误码检测 Lamp Test 点灯测试
可维护性	链路搜索 拔板提示
故障定位	故障信息记录 告警原因分析 相邻设备掉电提示
业务镜像	本地入端口业务镜像

6. 层次化的 QoS

OptiX PTN 960 具有完善的 QoS(Quality of Service)能力，实现了标准的 BE、AF1、AF2、AF3、AF4、EF、CS6、CS7 八组 PHB(Per-hop Behavior)，使网络运营商可为用户提供具有不同服务质量等级的服务保证，实现同时承载数据、语音和视频业务的综合网络，如图 7-3 及表 7-9 所示。

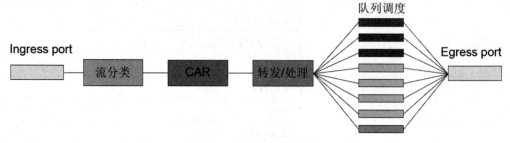

图 7-3 QoS 处理过程

表 7-9　QoS 能力

特　性	说　明
流分类	支持简单流分类和复杂流分类
CAR	支持
队列调度	支持层次化的 QoS 调度

7．精确的同步

OptiX PTN 960 支持物理层时钟同步机制、IEEE 1588 V2 精密时间协议 PTP(Precision Time Protocol)，为移动通信业务提供高精度的时间和时钟信息。

物理层时钟同步机制是从传输链路物理通道的信号中提取时钟信息，从而完成频率同步的技术。

除了外时钟接口，OptiX PTN 960 还支持从以下传输链路中提取时钟信息：

(1) 同步以太网链路。

(2) 通道化 STM-1(VC12)链路。

(3) E1 链路。

IEEE 1588V2 是一种时间同步协议，精度可以达到纳秒级，满足 3G 基站的要求。OptiX PTN 960 支持 IEEE 1588 V2 的以下特性：

(1) 支持采用 IEEE 1588 V2 协议实现时钟定时同步和时间信息同步。

(2) 支持 BC(Boundary Clock，边界时钟)模式、OC(Ordinary Clock，普通时钟)模式、TC(Transparent Clock，透传时钟)模式(包括端到端透传时钟模式和点到点透传时钟模式)三种时钟模式，每个网元可以根据需要配置成不同的模式。

(3) 支持时钟源倒换。

8．高效的承载技术

OptiX PTN 960 支持多种二层隧道技术来承载各类业务。

OptiX PTN 960 支持的隧道技术如表 7-10 所示。

表 7-10　OptiX PTN 960 支持的隧道技术

隧道技术	描　述
MPLS Tunnel	使用 MPLS LSP 承载
QinQ	使用 QinQ 链路承载

9．绿色节能设计

OptiX PTN 960 实现了节能设计，并提供节能管理平台，以实现更有效的节能管理，降低运营成本。其主要表现在硬件和软件两方面：

(1) OptiX PTN 960 采用了绿色硬件设计：高密度、大容量设计有效减少平均端口能耗。

(2) OptiX PTN 960 采用了绿色软件设计：根据用户实际使用情况动态关闭不必要的模块，以实现节能设计。

1) 节能控制

OptiX PTN 960 实现的节能控制主要体现在以下几个方面：

(1) 系统根据单板实际使用情况，自动关闭闲置模块。

(2) 对于未使用的以太光接口，手动去使能之后端口激光器自动关闭，实现节能。

2) 风扇控制

OptiX PTN 960 的风扇控制功能包括：

(1) 主机软件支持风扇转速控制功能。

(2) 支持风扇基于部件温度实现自动无级调速。

3) 功耗查询

OptiX PTN 960 可以实现功耗查询，包括：

(1) 支持对单板功耗进行采样。

(2) 支持整框单板的功耗显示及整机总功耗计算。

7.2 OptiX PTN 960 系统结构

7.2.1 硬件结构

OptiX PTN 960 设备硬件主要包括机盒、单板。

1. 机盒

OptiX PTN 960 采用盒式结构，便于灵活部署，其盒体尺寸为：442 mm(宽) × 220 mm(深) × 2U(高，1U = 44.45 mm)。

OptiX PTN 960 设备外形如图 7-4 所示。

图 7-4   OptiX PTN 960 设备外形

OptiX PTN 960 可以安装在以下场景：

(1) ETSI(European Telecommunications Standards Institute) 300 mm 深机柜中。

(2) ETSI 600 mm 深机柜中。

(3) 19 英寸(1 英寸 = 0.0254 m) 450 mm 深机柜中。

(4) 19 英寸 600 mm 深机柜中。

(5) IMB(Indoor Mini Box)网络箱中。

(6) APM30H 室外机柜中。

(7) 开放式机架中。

PTN 设备支持室内安装和室外安装,安装时需要满足设备运行环境要求。使用 IMB 网络箱或 APM30 室外机柜,可在一定程度上改善运行环境。可使用 EPS30-4815AF 外置交流电源系统为网络箱或室外机柜供电,如表 7-11 所示。

表 7-11 OptiX PTN 960 的槽位分配

SLOT 10	SLOT 11	SLOT 7	SLOT 8
		SLOT 5	SLOT 6
SLOT 9		SLOT 3	SLOT 4
		SLOT 1	SLOT 2

2. 单板

单板是设备硬件的重要组成部分。

1) 单板说明及可插槽位

OptiX PTN 960 支持的单板及可插槽位如表 7-12 所示。

表 7-12 OptiX PTN 960 支持的单板及可插槽位

单板名称	单 板 描 述	可插放槽位
TND3CXPA	系统控制交叉时钟板	SLOT 7、SLOT 8
TND3CXPB	系统控制交叉时钟板	SLOT 7、SLOT 8
TND1EX1	1 路 10GE 光接口板	SLOTs 5～6(与 TND3CXPA 配合使用) SLOTs 3～6(与 TND3CXPB 配合使用)
TND1EM8F	8 路 GE/FE 光接口板	SLOTs 1～2
TND1EM8T	8 路 GE/FE 电接口板	SLOTs 1～2
TND1EM4F	4 路 GE/FE 光接口板	SLOTs 1～4
TND1EM4T	4 路 GE/FE 电接口板	SLOTs 1～4
TND3ML1A	16 路 E1 接口板(75 Ω)	SLOTs 1～6
TND3ML1B	16 路 E1 接口板(120 Ω)	SLOTs 1～6
TND2MD1A	32 路 E1 接口板(75 Ω)	SLOTs 1～6
TND2MD1B	32 路 E1 接口板(120 Ω)	SLOTs 1～6
TND1CQ1B	4 路 STM-1 光接口板	SLOTs 1～6
TND1PIU	电源板	SLOT 9、SLOT 10
TND1FAN	风扇板	SLOT 11

2) 单板间关系

OptiX PTN 960 的单板配合使用，完成设备的各种功能。

OptiX PTN 960 单板关系如图 7-5 所示。

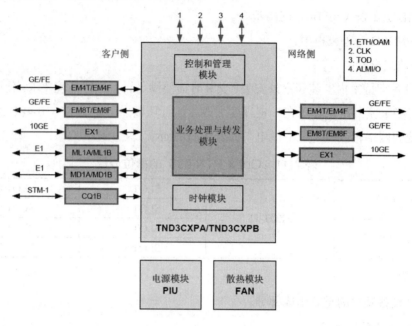

图 7-5 OptiX PTN 960 单板关系

7.2.2 软件结构

OptiX PTN 960 设备软件对网元进行管理、监视和控制，同时，设备软件作为网络管理系统和单板之间的通信服务单元，实现网管系统对网元的控制和管理。

设备软件在电信管理网中属于单元管理层，实现的功能包括网元功能、部分协调功能、网络单元层的操作系统功能。由数据通信功能完成网元与其他构件(包括设备、网管、其他网元等)的通信功能。OptiX PTN 960 的软件结构如图 7-6 所示。

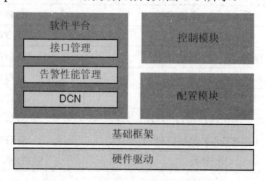

图 7-6 OptiX PTN 960 的软件结构

1．软件平台

软件平台包括接口管理模块、告警和性能管理模块和 DCN 模块。

(1) 接口管理模块：将来自不同类型终端的不同形式的命令分解、转换成相同形式的内部命令。

(2) 告警和性能管理模块：提供对当前告警的自动上报与查询、历史告警的存储与查询及性能事件上报。

(3) DCN 模块：处理 DCN 通信报文，完成与网管和其他网元的通信。

2．控制模块

控制模块的功能是提供统一的静态 MPLS 标签分配机制。

3．配置模块

配置模块的功能包括：

(1) 负责整个网元的配置管理，包括业务管理、设备管理、资源管理、协议配置代理。

(2) 负责告警、性能的属性设置和查询。

(3) 负责性能数据查询和自动上报。

(4) 负责板间告警抑制及指定对象的告警查询。

(5) 负责持久存储配置数据。

(6) 提供 MPLS 报文处理。

(7) 提供 QoS 功能。

4．基础框架和硬件驱动

基础框架和硬件驱动提供基本的平台内核和系统支撑，例如单板管理、分布式消息管理、日志管理等。

第8章

OptiX PTN 3900 设备

8.1 OptiX PTN 3900 设备概述

第 8 章 OptiX PTN 3900 设备

8.1.1 OptiX PTN 3900 设备简介

OptiX PTN 3900 是华为公司面向分组传送的新一代城域光传送设备。由于各种新兴的数据业务应用对带宽的需求不断增长，同时对带宽调度的灵活性提出了越来越高的要求。作为一种电路交换网络，传统的基于 SDH 的多业务传送网难以适应数据业务的突发性和灵活性；而传统的面向非连接的 IP 网络，由于其难以严格保证重要业务的质量和性能，因此不适宜作为电信级承载网络。

OptiX PTN 3900 利用 PWE3 技术实现面向连接的业务承载，并采用针对电信承载网优化的 MPLS 转发技术，配以完善的 OAM 和保护倒换机制，利用分组传送网提供了电信级别的业务。

OptiX PTN 3900 设备外形如图 8-1 所示。

图 8-1　OptiX PTN 3900 设备外形

8.1.2　OptiX PTN 3900 设备网络应用

OptiX PTN 3900 主要定位于城域传送网中的汇聚层和核心层。多用于城域分组汇聚网，负责分组业务在网络中的传输，并将业务汇聚至 IP/MPLS 骨干网中。

OptiX PTN 3900 支持 CWDM 方式的波分组网，实现本地波长调度。

在后续的产品版本中，OptiX PTN3900 将支持华为公司 OpitX OSN1500/2500/3500/7500 系列产品的 SDH 线路板和 OpitX OSN 3800/6800 系列的 DWDM 单板，实现与 WDM/ SDH 骨干网的对接，完成城域传送网从 TDM 交换网向分组交换网的平滑演进。

OptiX PTN 3900 在网络中的应用如图 8-2 所示。

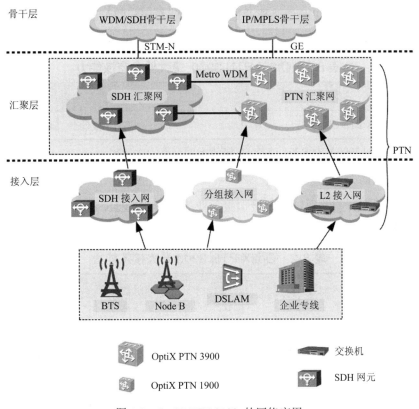

图 8-2　OptiX PTN 3900 的网络应用

8.2　OptiX PTN 3900 设备功能及特性

8.2.1　业务类型

OptiX PTN 3900 设备支持以太网业务、ATM(Asynchronous Transfer Mode)业务和

CES(Circuit Emulation Service)业务。

OptiX PTN 3900 设备可以处理的以太网业务包括 E-Line 业务、E-LAN 业务、E-Tree 业务、E-Aggr 业务。

OptiX PTN 3900 设备可以处理的 ATM 业务包括 ATM 仿真业务和 IMA 仿真业务。

OptiX PTN 3900 设备可以处理 TDM 的 CES 业务。

8.2.2 业务处理能力

OptiX PTN 3900 设备的业务处理能力包括交换能力和业务接入能力。

1. 交换能力

OptiX PTN 3900 支持以分组为核心的业务交换。OptiX PTN 3900 支持的最大业务交换能力如表 8-1 所示。

表 8-1 OptiX PTN 3900 最大业务交换能力

产 品	最大业务交换能力
OptiX PTN 3900	160 G

说明：OptiX PTN 3900 V100R001 支持的交换是分组交换

2. 最大接入能力

OptiX PTN 3900 能够通过多种接口接入业务。OptiX PTN 3900 各种接口的接入能力如表 8-2 所示。

表 8-2 OptiX PTN 3900 最大接入能力

接口类型	接入能力 (单板名称)	处理能力 (单板名称)	整机接口 数量	信号接入方式
E1	32(D75/D12)	32(MD1) 63(MQ1)	504	接口板接入
STM-1/4 POS	2(POD41)	8(EG16)	32	接口板接入
FE	12(ETFC)	48(EG16)	188	接口板接入
GE	16(EG16) 2(EFG2)	16+8(EG16)	160	GE 信号既可以由处理板(EG16)接入，也可以由接口板(EFG2)接入
通道化 STM-1	2(CD1)	2(CD1)	32	处理板接入
ATM STM-1	2(AD1) 2(ASD1)	2(AD1) 2(ASD1)	32	处理板接入

8.2.3　接口类型

OptiX PTN 3900 设备的对外接口包括业务接口和管理及辅助接口。

1. 业务接口

OptiX PTN 3900 支持通过多种接口接入业务。OptiX PTN 3900 支持的业务接口如表 8-3 所示。

表 8-3　OptiX PTN 3900 业务接口

接口类型	描述
ATM STM-1 接口	I-1、S-1.1、L-1.1、L-1.2、Ve-1.2
通道化 STM-1 接口	I-1、S-1.1、L-1.1、L-1.2、Ve-1.2
E1 接口	75 Ω / 120 Ω E1 电接口：DB44 连接器

2. 管理及辅助接口

管理及辅助接口包括管理接口、外时钟接口和告警接口。OptiX PTN 3900 提供的管理及辅助接口如表 8-4 所示。

表 8-4　OptiX PTN 3900 管理及辅助接口

接口类型	描述
管理接口	1 个以太网网管接口(ETH) 1 个以太网扩展网口 1 个 F&f 管理串口
外时钟接口	2 个 75 Ω 外时钟输入接口(2048 kb/s 或 2048 kHz) 2 个 75 Ω 外时钟输出接口(2048 kb/s 或 2048 kHz) 2 个 120 Ω 输入输出共用接口(2048 kb/s 或 2048 kHz)
告警接口	1 个机柜指示灯接口(4 通道) 1 个机柜指示灯级联接口(4 通道) 2 个告警输入接口(共 6 通道) 1 个告警输出和级联共用接口(输出 2 通道，级联 2 通道)

8.2.4　组网能力

OptiX PTN 3900 的组网方式灵活多样，可满足各种应用的需要。

1. 组网接口

OptiX PTN 3900 支持采用以下接口组网：

(1) GE；

(2) POS STM-4;

(3) POS STM-1;

(4) ML-PPP。

2. 移动业务典型组网

OptiX PTN 3900 设备在移动业务中的典型组网如图 8-3 和图 8-4 所示，在 Offload 解决方案中的应用如图 8-5 所示。

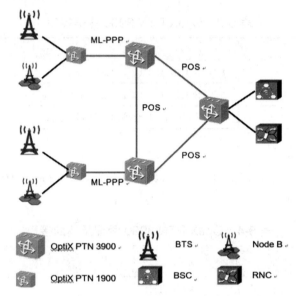

图 8-3　OptiX PTN 3900 设备在移动业务中的典型组网 1

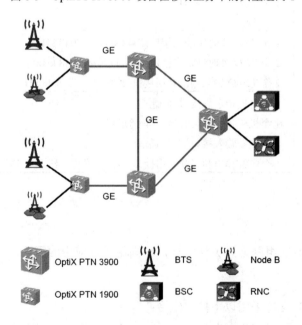

图 8-4　OptiX PTN 3900 设备在移动业务中的典型组网 2

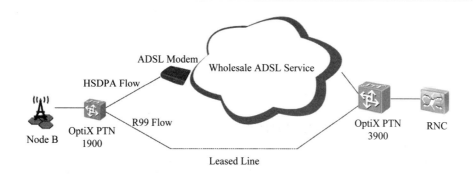

图 8-5　OptiX PTN 3900 设备在 Offload 解决方案中的典型组网

3．以太网业务典型组网

PTN 设备在以太网专线业务中的典型组网如图 8-6 所示。

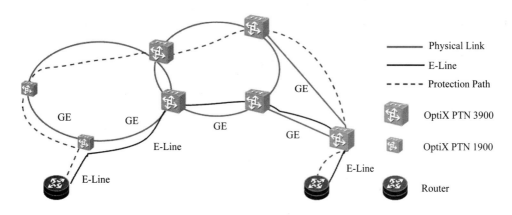

图 8-6　PTN 设备在以太网专线业务中的典型组网

PTN 设备在以太网专网业务中的典型组网如图 8-7 所示。

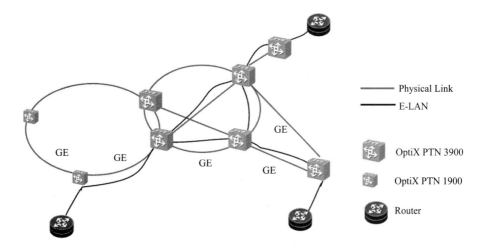

图 8-7　PTN 设备在以太网专网业务中的典型组网

8.2.5 保护能力

OptiX PTN 3900 提供设备级保护和网络级保护。OptiX PTN 3900 提供丰富的设备级保护，如表 8-5 所示。

表 8-5 OptiX PTN 3900 提供的设备级保护

保 护 对 象	保 护 方 式	是否自动恢复
E1 业务处理板	1:N(N≤4)TPS 保护	恢复
交叉时钟板	1+1 热备份	非恢复
系统控制板、通信与辅助处理板	1+1 热备份	非恢复
电源接口板	1+1 热备份	——

注：OptiX PTN 3900 支持两个不同类型的 TPS 保护组共存。

OptiX PTN 3900 提供丰富的网络级保护，如表 8-6 所示。

表 8-6 OptiX PTN 3900 提供的网络级保护

保护对象	保 护 方 式
MPLS Tunnel	1+1 保护
	1:1 保护
	RR 保护
	FRR 保护
Ethernet 链路	板内 LAG 保护、板间 LAG 保护
	MSTP 保护
POS STM-1/STM-4	1+1 线性复用段保护
	1:1 线性复用段保护
通道化 STM-1 (接入 ML-PPP 时)	1+1 线性复用段保护
	1:1 线性复用段保护
ATM STM-1(使用 AD1 板)	1+1 线性复用段保护
ATM over E1	IMA 保护
Packet over E1	ML-PPP 保护

8.2.6　QoS 能力

OptiX PTN 3900 提供层次化的端到端的 QoS(Quality of Service)管理，能够提供高质量的按业务区分的差异化传送服务。

OptiX PTN 3900 具备完善的 QoS 调度机制：

(1) 支持基于流分类的 DiffServ 模式，完整实现了标准中定义的 BE、AF1、AF2、AF3、AF4、EF、CS6、CS7 八组 PHB(Per-hop Behavior)及业务，使网络运营商可为用户提供具有不同服务质量等级的服务保证，实现同时承载数据、语音和视频业务的综合网络。

(2) 提供端到端业务的 QoS。

① 设备在接入侧支持 HQoS(Hierarchical QoS)机制，可以分别控制单个业务类型、单个业务接入点、多个业务接入点、单个业务或多个业务的总带宽。

② 设备在网络侧支持 TE(Traffic Engineering)机制，平衡网络流量，尽量保证业务质量。

完善的 QoS 机制，可以充分保证不同业务对延迟、抖动、带宽的要求，保证电信级业务的开展。

8.2.7　OAM 特性

OptiX PTN 3900 支持以太网 OAM 和 MPLS OAM，实现快速故障检测以触发保护倒换，在包交换网络中保证电信级的服务质量。

OptiX PTN 3900 的业务 OAM 机制如图 8-8 所示。

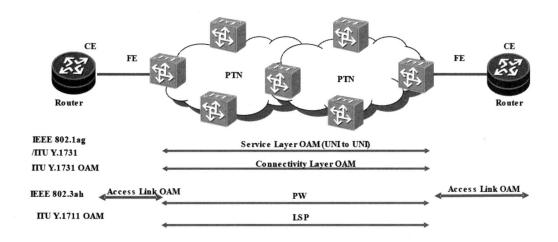

图 8-8　OptiX PTN 3900 的 OAM 机制

1. 网络层机制

在网络层，OptiX PTN 3900 支持 MPLS OAM 和以太网业务 OAM。

(1) OptiX PTN 3900 支持以下 MPLS OAM 功能：

① 设备采用硬件支持对 CV(Connectivity Verification)/FFD(Fast Failure Detection)/FDI(Forward Defect Indicator)/BDI(Backward Defect Indicator)消息的发送、接收和超时判断，实现快速连通性检测与失效指示，符合 ITU-T Y.1710 和 ITU-T Y.1711。设备支持的最小 OAM 帧发送周期为 3.33 ms。

② 支持 MPLS Tunnel 的 Ping、Traceroute 命令，支持 ATM PW 和 CES PW 的 VCCV 命令，便于故障检测与定位。

③ 支持对 MPLS Tunnel 的性能监测，通过硬件实现对于丢包率、包延时和抖动的监测，符合 ITU-T Y.1731。

(2) OptiX PTN 3900 支持符合 IEEE 802.1ag 和 ITU-T Y.1731 的以太网 OAM 功能：

① 设备采用硬件支持 ETH-CC(以太网连通性检测)，设备支持的最小 OAM 帧发送周期为 3.33 ms。

② 设备的控制平面支持 ETH-LB(以太网环回)和 ETH-LT(以太网链路跟踪)操作。

③ 支持对以太网专线业务的性能监测，通过硬件实现对于丢包率、包延时和抖动的监测，符合 ITU-T Y.1731。

2. 链路层机制

在链路层，OptiX PTN 3900 支持以下 OAM 机制：支持符合 IEEE 802.3ah 的以太网链路 OAM，每个以太网端口支持链路发现、链路状态监测、远端故障检测和远端环回操作；支持 ATM OAM，包括 F4 OAM 和 F5 OAM 中的失效管理机制。

8.2.8 NSF

NSF(Non-Stop Forwarding)功能是指在设备的控制平面故障(如 CPU 重启)时，数据转发仍然正常执行，保护网络上关键业务。

OptiX PTN 3900 支持协议级 GR(Graceful Restart)技术，发生故障倒换时邻居节点不删除其路由信息，保证转发业务的正常，并避免网络路由震荡。OptiX PTN 3900 支持在以下情况下的 NSF 功能：

(1) 处理板软复位时。

(2) 交叉时钟板软复位时(交叉时钟板有 1 + 1 保护)。

(3) 主控板软复位时(主控板有 1 + 1 保护)。

8.2.9　时钟

OptiX PTN 3900 支持线路时钟提取和同步以太网时钟提取，并提供外部时钟输入/输出和设备内部时钟。

OptiX PTN 3900 的时钟系统支持以下基本功能：

(1) 支持从 POS STM-1/STM-4 接口提取时钟。

(2) 支持从通道化 STM-1 接口提取时钟。

(3) 支持从 ATM STM-1 接口提取时钟。

(4) 支持从同步以太网接口提取时钟。

(5) 支持从 E1 接口提取时钟。

(6) 支持处理和传递 SSM(Synchronization Status Message)。

(7) 支持两路外部时钟源输入和输出，可选择采用 75 Ω 接口或 120 Ω接口。这两路外时钟输入/输出形成 1+1 保护。

(8) 支持跟踪、保持、自由振荡三种工作模式。

PTN 时钟配置

8.2.10　DCN 模式

DCN 是网络管理的一部分，用于传送网络管理信息。OptiX PTN 3900 支持带内 DCN，保证网络管理信息的互通。

OptiX PTN 3900 采用带内 DCN 方案，即将网络管理信息作为净负荷封装在网络通道中传输，而无需建立专用的 DCN 通道，从而大大节省了建设 DCN 网络的成本。

OptiX PTN 3900 支持传送 DCN 信息的接口有：

(1) GE 接口；

(2) FE 接口；

(3) STM-1/STM-4 POS 接口；

(4) ML-PPP 接口。

8.3　OptiX PTN 3900 设备系统结构

8.3.1　功能模块

OptiX PTN 3900 的功能模块包括业务处理模块、管理和控制模块、散热模块以及电源模块。OptiX PTN 3900 的功能模块如图 8-9 所示。

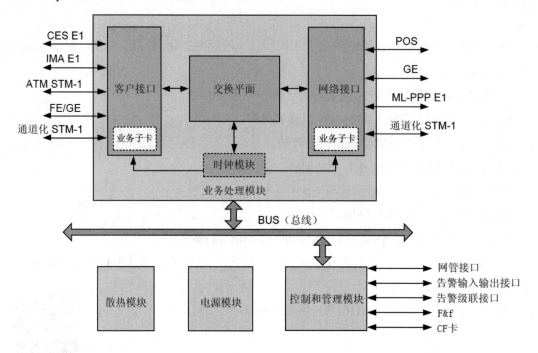

图 8-9　OptiX PTN 3900 的功能模块

1．业务处理模块

业务处理模块包括客户接口、网络接口、时钟模块以及交换平面。

通过客户接口和网络接口，设备能够接入多种业务：

(1) 客户侧：CES E1、IMA E1、ATM STM-1、FE/GE 和通道化的 STM-1。

(2) 网络侧：POS、GE、ML-PPP E1 和通道化的 STM-1。

通过业务子卡和对应的接口板能够接入通道化的 STM-1、ATM STM-1 以及 E1 业务。设备接入的业务信号通过交换平面进行处理。

时钟模块支持处理和传递 SSM(同步状态信息)。时钟模块可以通过网络侧接口接收网络时钟，通过外时钟接口接收外部输入时钟。通过对这些时钟源择优、锁相同步后，为系统各模块提供系统时钟，并支持通过外时钟接口提供输出时钟信号。

2．管理和控制模块

管理和控制模块通过系统内部总线实现单板间通信、主控和单板间通信，支持传递开销信息、管理单板制造信息等功能。

模块支持带内 DCN 管理、NSF(不中断转发)等功能。

模块提供完备的管理接口和辅助接口，包括网管接口、告警输入/输出接口、告警级联接口和 F&f 接口等。

3．散热模块

散热模块为系统提供风冷散热功能。散热模块包括风扇板、风扇框以及风扇，风扇支持智能调速功能，根据系统温度调节风扇转速。

4．电源模块

电源模块为各单板、风扇提供电源。PIU 支持 1+1 热备份。电源模块提供电源检测功能。

8.3.2 硬件结构

1．概述

OptiX PTN 3900 设备由子架和单板组成，安装在机柜中的子架如图 8-10 所示。

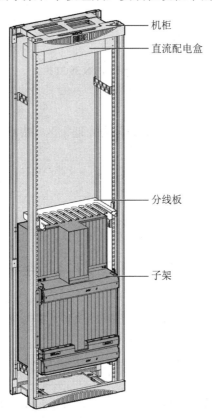

图 8-10 OptiX PTN 3900 的硬件结构图

2．机柜类型

OptiX PTN 3900 设备可以安装在 ETSI(European Telecommunications Standards Institute) 标准的 300 mm 深机柜(N63E 机柜或 T63 机柜)和 600 mm 深机柜中。OptiX PTN 3900 使用的机柜如图 8-11 所示。

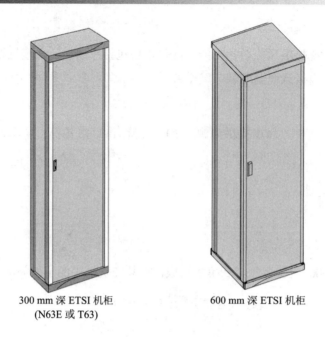

300 mm 深 ETSI 机柜　　　　　　　600 mm 深 ETSI 机柜
(N63E 或 T63)

图 8-11　OptiX PTN 3900 机柜

3．子架结构及槽位说明

OptiX PTN 3900 子架采用双层结构，分为处理板区、接口板区、主控板区、电源板区、交换网板区、风扇区和走纤槽。

1) 子架结构

OptiX PTN 3900 子架结构如图 8-12 所示。

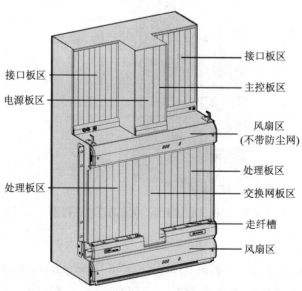

图 8-12　OptiX PTN 3900 子架结构图

各部分功能如下：

(1) 处理板区：安插处理板和业务子卡。

(2) 接口板区：安插接口板。

(3) 主控板区：安插主控和通信处理单元(SCA)。

(4) 交换网板区：安插交叉和时钟处理单元(XCS)。

(5) 电源板区：安插电源板。

(6) 风扇区：安插风扇和防尘网。

(7) 走纤槽：用于布放光纤。

2) 槽位分配

OptiX PTN 3900 子架分为上、下两层，上层有 20 个槽位，下层有 18 个槽位。OptiX PTN 3900 各槽位的位置如图 8-13 所示。

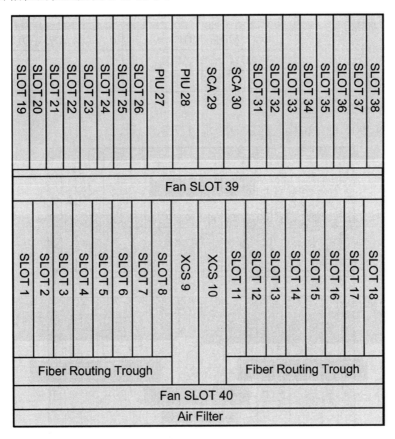

图 8-13　OptiX PTN 3900 子架的槽位分配图

3) 处理板和接口板对应关系

OptiX PTN 3900 处理板和接口板的槽位对应关系如表 8-7 所示。

表 8-7 OptiX PTN 3900 处理板和接口板的槽位对应关系表

处理板槽位	对应接口板槽位
SLOT 1	SLOTs 19、20
SLOT 2	SLOTs 21、22
SLOT 3	SLOTs 23、24
SLOT 4	SLOTs 25、26
SLOT 15	SLOTs 31、32
SLOT 16	SLOTs 33、34
SLOT 17	SLOTs 35、36
SLOT 18	SLOTs 37、38

处理板和接口板的单板对应关系如表 8-8 所示。

表 8-8 OptiX PTN 3900 处理板和接口板的单板对应关系表

处 理 板	业 务 子 卡	接 口 板
MP1	MD1、MQ1	D75、D12
	AD1、ASD1、CD1	—
EG16	—	ETFC、EFG2、POD41

4) 槽位接入容量

OptiX PTN 3900 的槽位接入容量如图 8-14 所示。

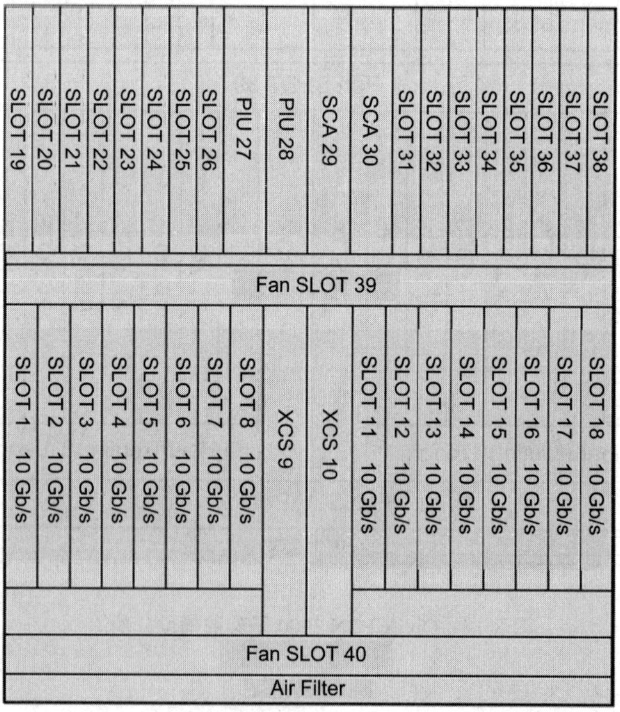

图 8-14 OptiX PTN 3900 的槽位接入容量

4. 单板类型

单板可以分为处理板、波分类单板、业务子卡、接口板、交叉和时钟处理单元、主控和通信处理单元、风扇板以及电源板。

OptiX PTN 3900 各类单板以及功能如表 8-9 所示。

表 8-9　OptiX PTN 3900 单板类型及主要功能

单板分类	具体单板名称	主 要 功 能
处理板	EG16、MP1	处理 GE、E1、通道化 STM-1、ATM STM-1 等信号
业务子卡	MD1、MQ1、CD1、AD1、ASD1	
波分类单板	CMR2、CMR4	实现对于粗波分信号的分插复用
接口板	ETFC、EFG2、POD41、D12、D75	接入 FE、GE、POS、STM-1/STM-4 和 E1 信号
交叉和时钟处理单元	XCS	完成客户侧和系统侧各类业务的交换，向系统提供标准的系统时钟
主控和通信处理单元	SCA	提供系统与网管的接口
风扇板	FAN	为设备散热
电源板	PIU	接入外部电源和防止设备受异常电源的干扰

5. 单板可插槽位

OptiX PTN 3900 一共有 38 个槽位，EG16 占用两个槽位，业务子卡必须插在 MP1 单板上。

OptiX PTN 3900 的单板可插槽位如表 8-10 所示。

表 8-10　OptiX PTN 3900 单板可插槽位

单板名称	单板描述	可插槽位	备　注
SCA	主控和通信处理单元	SLOTs 29、30	—
XCS	交叉和时钟处理单元	SLOTs 9、10	—
PIU	电源接入单元	SLOTs 27、28	—
FAN	风扇	SLOTs 39、40	—
EG16	16 路 GE 以太网处理板	SLOTs 1～7、SLOTs 11～17	双槽位单板
MP1	多协议 TDM/IMA/ATM/ML-PPP 多接口 E1/STM-1 处理板母板	SLOTs 1～8、SLOTs 11～18	—
MD1	32 路 E1 业务子卡	SLOTs 1～5、SLOTs 14～18	需要配合 MP1、接口板一起使用，SLOTs 5、14 为 TPS 保护槽位
MQ1	63 路 E1 业务子卡	SLOTs 1～5、SLOTs 14～18	需要配合 MP1、接口板一起使用，SLOTs 5、14 为 TPS 保护槽位

续表

单板名称	单板描述	可插槽位	备　注
CD1	2路通道化STM-1业务子卡	SLOTs 1~8、SLOTs11~18	需要配合MP1使用
AD1	2路ATM STM-1业务子卡	SLOTs 1~8、SLOTs11~18	需要配合MP1使用
ASD1	2路ATM STM-1业务子卡	SLOTs 1~8、SLOTs11~18	需要配合MP1使用
ETFC	12路FE电接口板	SLOTs 19~26、SLOTs 31~38	需要配合EG16使用
EFG2	2路GE 接口板	SLOTs 19~26、SLOTs 31~38	需要配合EG16使用
POD41	2路622M/155M POS接口板	SLOTs 19~26、SLOTs 31~38	需要配合EG16使用
D12	32路E1电接口板(120欧姆)	SLOTs 19~26、SLOTs 31~38	——
D75	32路E1电接口板(75欧姆)	SLOTs 19~26、SLOTs 31~38	——
CMR2	2路光分插复用板	SLOTs 1~8、SLOTs 11~18	——
CMR4	4路光分插复用板	SLOTs 1~8、SLOTs 11~18	——

8.3.3 软件结构

1. 概述

OptiX PTN 3900的软件系统分为管理平面、控制平面、数据平面三个平面。OptiX PTN 3900的体系结构逻辑框图如图8-15所示。

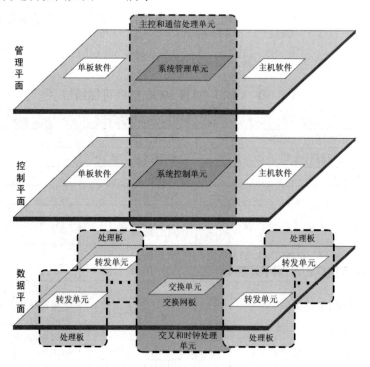

图8-15　OptiX PTN 3900的体系结构逻辑框图

1) 管理平面

管理平面包括性能管理、故障管理、配置管理、软件管理、二层协议控制和安全管理功能等。主机软件和单板软件都属于管理平面，其中单板软件用于管理数据平面。

2) 控制平面

控制平面由一组通信实体组成，负责完成呼叫控制和连接控制功能。通过信令完成连接的建立、释放、监测和维护，并在发生故障时自动恢复连接。主机软件和单板软件都涉及一部分控制平面。

3) 数据平面

数据平面根据控制平面生成的转发信息，完成对业务数据的接收和转发；同时数据平面还完成对业务的控制报文检测功能，并上报给控制平面、管理平面做进一步的处理。数据平面主要由处理板和交叉板的硬件实现。

2. 主机软件

主机软件实现管理、监视和控制网元中各单板的运行状况，同时作为网络管理系统和单板之间的通信服务单元，实现网管系统对网元的控制和管理。主机软件还对主控单元的软件加载、包加载和补丁进行管理。

主机软件在电信管理网中属于单元管理层，实现的功能包括网元功能、部分协调功能、网络单元层的操作系统功能。由数据通信功能完成网元与其他构件(包括设备、网管、其他网元等)的通信功能。

OptiX PTN 3900 的主机软件如图 8-16 所示。

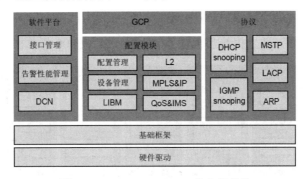

图 8-16　OptiX PTN 3900 的主机软件

1) 软件平台

软件平台包括接口管理、告警和性能管理、DCN 模块。接口管理模块将来自不同类型终端的不同形式的命令分解、转换成相同形式的内部命令。告警和性能管理模块提供对当前告警的自动上报与查询、历史告警的存储与查询、事件上报和系统日志管理。

2) GCP

GCP 提供统一的静态或动态 MPLS 标签分配机制，提供与动态业务创建相关的路由信令协议、选路算法及与传送平面邻居自动发现相关的 LMP 协议。

3) 配置模块

配置模块包括配置管理、设备管理、LIBM、QoS 等子模块，其功能包括：

(1) 负责整个网元的配置管理，包括各领域(Packet、TDM、WDM)的业务管理、设备管理、资源管理、协议配置代理。

(2) 负责被管理对象的告警、性能的属性设置和查询。

(3) 负责性能数据查询和自动上报。

(4) 负责板间告警抑制及指定对象的告警查询。

(5) 负责持久存储配置数据。

(6) 提供二层交换、MPLS 和 IP 报文处理以及 QoS 功能。

4) 协议

IGMP Snooping 模块：二层组播协议提供二层组播功能。

MSTP 模块：多生成树协议提供消除环路、链路备份以及基于 VLAN 的链路负载均衡功能。

LACP 模块：实现线性增加带宽、链路备份、负载分担功能。

5) 基础框架

基础框架提供基本的平台内核和系统支撑，例如：单板管理、分布式消息管理、日志管理等。

3. 单板软件

单板软件完成单板的二层交换、MPLS 报文处理以及 QoS 等功能。单板软件对各单板进行告警和性能的检测，并上报给主机软件。OptiX PTN 3900 的单板软件如图 8-17 所示。

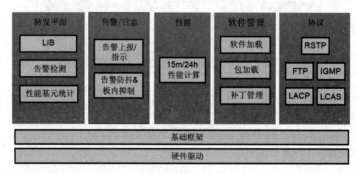

图 8-17　OptiX PTN 3900 的单板软件

(1) 转发平面完成告警检测和性能统计功能。

(2) 告警/日志模块完成告警上报和抑制功能。

(3) 性能模块完成 15 min 和 24 h 的性能统计功能。

(4) 协议部分处理 IGMP、LACP 等协议。

模块三

PTN 配置篇

第 9 章

PTN LTE 承载 VLL 业务规划

9.1 概 述

第 9 章 PTN LTE 承载 VLL
业务规划

本节介绍 LTE 解决 VLL 方案(E-Line 业务 + 静态 L3VPN 业务)的组网需求以及业务规划总体思路。

9.1.1 业务需求及组网

如图 9-1 所示,静态 L3VPN 应用于 LTE 移动承载网络的核心层,作为 eNodeB 和 SGW 之间的业务交换平面。在接入层和汇聚层部署以太专线业务,承载从各个基站接入的业务。整个 LTE 移动承载网络综合部署 MC-PW APS、MC-LAG、MPLS Tunnel APS、VPN FRR、混合 FRR 和 BFD 等特性,对业务进行有效保护。其中,NE1 和 NE4 采用盒式 OptiX PTN 910; NE2、NE3、NE5 和 NE6 采用框式 OptiX PTN 3900。

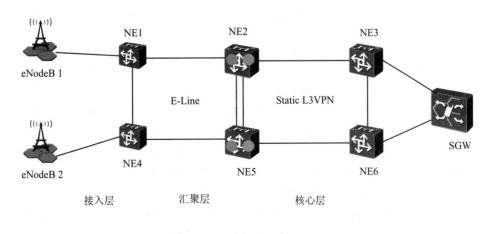

图 9-1 LTE 场景 VLL 方案组网

当 SGW 为负载分担模式时，在与 SGW 相连的 NE3 和 NE6 的 UNI 侧(指向 SGW 侧)部署混合 FRR；在 NE3 和 NE6 上部署 Link BFD，通过混合 FRR 跟踪 BFD 状态。

9.1.2 业务规划

在接入层和汇聚层部署以太专线业务，在核心层部署两个静态 L3VPN 业务，分别用于承载基站的 S1/X2、OMC 业务。在整个 LTE 移动承载网络综合部署 MC-PW APS、MC-LAG、MPLS Tunnel APS、VPN/混合 FRR、BFD 等特性，对业务进行有效保护。

VLL 方案(E-Line 业务+静态 L3VPN 业务)的总体业务规划如表 9-1 所示。

表 9-1 E-Line 业务+静态 L3VPN 业务的总体业务规划

业务类型	业务规划
网元规划	建议节点 NE2 和 NE5 上 VRF 使用的 VE 接口的 IP 地址采用 26 或 27 位掩码。同 SGW/MME 互联端口采用 30 位掩码地址，可用地址两个，奇数分配给 PTN 设备的端口，偶数分配给 SGW/MME 的端口
Tunnel 与保护	NE2 和 NE5 之间的两根桥接线上需要手工配置一组 Tunnel 1：1 APS 保护，同时对 Tunnel 配置两点环保护，用于承载和保护 ICB 通道(同步协议通道)。 NE2 和 NE5 之间需要一条 Tunnel，用于承载 DNI PW，同时在 NE2 和 NE5 之间配置两点环，用于保护承载 DNI PW 的 Tunnel。 NE1、NE2、NE4 和 NE5 之间承载 L2VPN 业务和 DNI PW 的 Tunnel，均无需手工配置，可以通过 U2000 自动批量创建。 在节点 NE2 上配置 4 条 Tunnel 组成两个 Tunnel APS 保护组，其中一个 Tunnel APS 保护的宿节点为 NE3，另一个 Tunnel APS 保护的宿节点为 NE6，两个 Tunnel APS 保护组的工作 Tunnel 分别作为 VPN FRR 保护主、备路由出口。同理配置 NE3、NE5、NE6 几个节点。以上 Tunnel 无需手动配置，可以通过 U2000 自动批量创建
接入、汇聚层网络配置	在 NE1、NE2 和 NE5 之间配置 E-Line 业务。 在 NE1 上配置 MC-PW APS 保护，双归到两个双归网元 NE2 和 NE5。 在 NE2 和 NE5 之间配置 DNI-PW，用于 PW 的流量绕行；NE2 和 NE5 上配置 VE 桥接组，绑定 L2VE 接口作为 E-Line 业务的 UNI 接口；NE2 和 NE5 的 L2VE 接口上配置 MC-LAG 保护，MC-LAG 配置为双收；NE2 和 NE5 的 L3VE 接口配置为相同 MAC、相同 IP。 如果需要核心网为每个 eNodeB 自动分配 IP 地址，则需要在 NE2 和 NE5 的 L3VE 上启动 DHCP Relay 功能。(可选) E-Line 业务与保护的配置，可以通过创建 PWE3 完成

续表

业 务 类 型		业 务 规 划
核心层网络配置		在 NE2、NE3、NE5、NE6 上创建 VPN 实例。NE2 和 NE5 的 VRF 中绑定的接口为 VLAN 汇聚子接口；NE3 和 NE6 的 VRF 中绑定的接口为与 MME/SGW 连接的物理接口。 VE 桥接组中 L3VE 接口需要每网段创建一个 VLAN 汇聚子接口，用作 L3VPN 业务的 VUNI，VLAN 汇聚子接口支持配置汇聚 VLAN，用于收敛 VLAN；同时，NE2 和 NE5 的 L3VE 接口需要配置 ARP 代理，以保证同网段的 X2 业务的转发。 节点 NE2、NE5 之间的桥接线上，配置 ICB 通道。 在静态 L3VPN 业务的 NNI 侧部署 VPN FRR，同时，在 NE3 和 NE6 与 SGW 相连的 UNI 侧部署混合 FRR
SGW 侧配置	SGW 为负载分担模式	为了解决单纤故障问题，推荐采用以下配置： 对于 10GE 端口，需要使能端口的 LFS 功能；对于 GE 端口，需要配置端口的工作模式为自协商，也可以配置 BFD； 在 NE3、NE6 与 MME/SGW 相连的接口上配置 Link BFD，配置混合 FRR 跟踪 Link BFD 状态； 在 MME/SGW 配置 Link BFD，同时需要支持双收

9.1.3　规格与限制

VLL 方案中规划和部署时的部分注意事项如下。

1. 部署注意事项

VLL 业务部署时应注意以下几点：

(1) 在节点 NE2/NE5 上配置的 MC-LAG 等待恢复时间为 480 s，以避免当 MC-LAG 故障恢复时，由于 ARP 热备数据未完成而导致业务瞬断时间过长。

(2) 只有 PTN3900、PTN 3900-8 设备的 TN83EX2、TN86EX4、TN86EX2 和 TN81EXL1 单板支持配置 VE 桥接组，对于不支持 VE 桥接组的单板，需要配置单板桥接关系。

(3) 节点 NE2 和 NE5 仅提供 L2VPN 进 L3VPN 的桥接功能，不建议与 SGW/MME 直接连接，需要通过节点 NE3 和 NE6 与 SGW/MME 互连。

(4) 对于节点 NE2 和 NE5 设备无法直接转发的 X2 业务(跨设备的 X2 业务)，不建议在多个与 NE2/NE5 处于同样网络位置的设备上直接互连，建议通过 NE3/NE6 设备进行路由中转。

(5) 在 SGW 为负载分担模式时，SGW 跟踪 Link BFD，在 NE3 和 NE6 上的 Link BFD 检测时间需要配置得稍短些(建议 Link BFD 的检测时间配置为 100 ms)，以便在链路发生故障时可以快速倒换。

2．LTE 业务规划原则

LTE 场景中以太业务的主要规划原则和注意事项如下：

(1) 如果基站管理 IP 地址和业务 IP 地址可以相同，要求每个基站分配一个独立的 VLAN。

(2) 如果基站管理 IP 地址和业务 IP 地址不能一致，要求每个基站分配两个独立的 VLAN。因为汇聚、核心节点 PTN 的业务调度需要根据 VLAN 确定转发目的地。

(3) 基站、RNC 根据业务类型添加不同的 VLAN 优先级，PTN 设备根据 VLAN 优先级进行 MPLS EXP 与 PHB 服务等级间的相互映射，确保业务 QoS。

(4) 如果无线侧要求核心网自动为每个基站分配 IP 地址，则在 L2/L3 桥接节点上需要启用 DHCP Relay 功能。

(5) 两个 L2/L3 节点需要部署 ARP 代理，保证同网段 X2 业务的转发。

(6) 接入环建议带的 eNodeB 不超过 6～8 个，接入环 PTN 设备建议每环不超过 12 个。

(7) 基站使用不同 VLAN，相同网段的基站配置到同一个 L2/L3 节点的 L3 汇聚子接口中。

(8) 核心层 L2/L3 节点建议成对部署。

(9) L2/L3 节点往纯 L3 节点方向：VPN FRR 的主节点与向 MME/SGW 提供双归保护的主 L3 节点保持一致。

(10) 纯 L3 节点往 L2/L3 节点方向：VPN FRR 的主节点与 MC-LAG 的主节点保持一致。

9.2 配置流程(VLL 方案：E-Line 业务+静态 L3VPN 业务)

本节介绍 LTE 移动承载解决方案中基于 VLL 方案(E-Line 业务+静态 L3VPN 业务)的配置流程。

配置 LTE 移动承载解决方案中 VLL 方案(E-Line 业务+静态 L3VPN 业务)的完整配置流程如图 9-2 所示，VLL 方案(E-Line 业务+静态 L3VPN 业务)的配置任务见表 9-2。

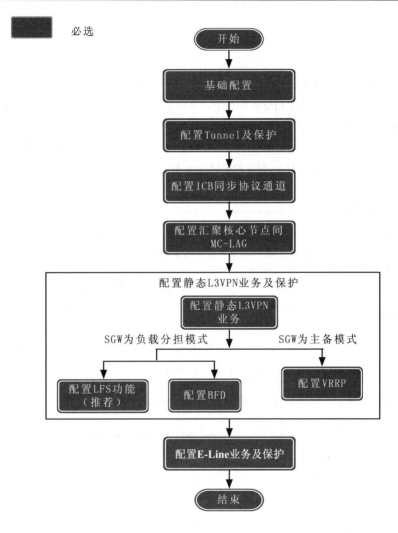

图 9-2　VLL 方案(E-Line 业务+静态 L3VPN 业务)的配置流程

表 9-2　VLL 方案(E-Line 业务+静态 L3VPN 业务)的配置任务

操　作	备　注
基础配置	完成配置网元 LSR ID、配置网元用户侧和网络侧接口、配置 VE 桥接组、配置 VLAN 汇聚子接口、核心网元 UNI 端口配置 LAG 等
配置 Tunnel 及保护	在汇聚核心节点 NE2 和 NE5 之间的两根桥接线上,需要手工配置一组 Tunnel 1:1 APS 保护,用于承载和保护 ICB 通道(同步协议通道)。Tunnel APS 保护的两条链路需要跨板配置,以免工作单板故障引起保护失效; 在汇聚核心节点 NE2 和 NE5 之间,需要配置一条 Tunnel,用于承载 DNI PW,同时在 NE2 和 NE5 之间配置两点环,用于保护承载 DNI PW 的 Tunnel 以及 ICB 通道的 Tunnel

操　作	备　注
配置 Tunnel 及保护	说明： 承载 E-Line 业务的 Tunnel 和承载汇聚核心节点之间 DNI PW 的 Tunnel 无需单独配置，可以在创建 PWE3 业务时，通过 U2000 实现批量创建。 承载静态 L3PVN 业务的 Tunnel 及 Tunnel APS 保护，无需单独配置，可以在创建静态 L3VPN 业务时，通过 U2000 实现批量创建
配置 ICB 协议通道	在汇聚核心节点 NE2 和 NE5 之间配置 ICB 协议通道
配置汇聚核心节点间 MC-LAG	在汇聚核心节点 NE2 和 NE5 上配置 MC-LAG。通过链路聚合组的系统优先级，决定汇聚核心节点的主备关系
配置静态 L3VPN 业务及保护	完成静态 L3VPN 业务的配置，同时部署 VPN FRR 保护和混合 FRR 保护。 对于 10GE 端口，需要使能端口的 LFS 功能来解决单纤故障问题；对于 GE 端口，则需要配置端口的工作模式为自协商。 同时在 NE3、NE6 与 MME/SGW 相连的接口上配置 Link BFD，同时配置混合 FRR 跟踪 BFD，加快保护倒换
配置 E-Line 业务及保护	完成 E-Line 业务及 MC-PW APS 保护的配置，E-Line 业务及保护通过配置 PWE3 业务实现

第 10 章

PTN LTE 承载 VLL 业务配置

10.1　概　　述

第 10 章　PTN　LTE 承载 VLL 业务配置

本章介绍网元以及网元接口的规划和配置。

10.1.1　配置思路

U2000 网管基本操作　　PTN 网关网元创建　　PTN 非网关网元创建　　PTN 子网创建

静态 L3VPN 业务解决方案组网中网元和接口的配置思路如图 10-1 所示。

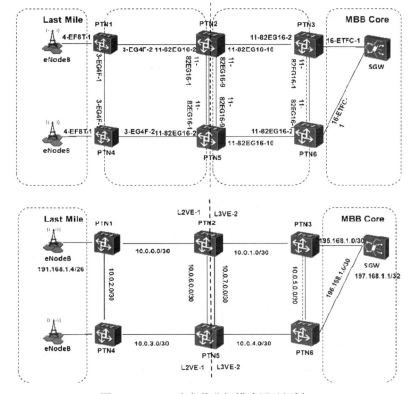

图 10-1　SGW 为负载分担模式网元规划

网元规划如下：

(1) 建议节点 NE2 和 NE5 上 VRF 使用的 VE 接口的 IP 地址采用 26 位掩码。

(2) NE2 上 VE 接口与指向 NE5 的静态路由出口需要跨板，以避免单板故障时可能导致业务中断，NE5 同理。

(3) 在节点 NE3、NE6 上的指向 MME/SGW 的静态路由出口和指向 NE6/NE3 设备的静态路由出口需要跨板，以避免单板故障时可能出现业务中断。

(4) 只有 PTN3900、PTN3900-8 设备的 TN83EX2、TN86EX4、TN86EX2 和 TN81EXL1 单板支持配置 VE 桥接组，对于不支持 VE 桥接组的单板，需要配置单板桥接关系。

(5) VE 组是网元级的，通常情况下，一个汇聚核心节点只需要配置一个 VE 组。

(6) 配置单板桥接关系时，所有的源单板都需要配置宿主单板和宿备单板，且宿主单板和宿备单板配置为不同单板。不同源单板的桥接单板尽量选择不同单板。

(7) 在 SGW 为负载分担模式中，NE3、NE6 与 SGW 相连的用户侧接口的 IP 地址不在同一网段。

(8) 如果采用物理接口作为 L3VPN 业务用户侧接口，需要去使能接口的 DCN 功能。

10.1.2　数据规划

配置网元接口等基础信息前需要进行数据规划。

网元 LSR ID、UNI 接口和 NNI 接口规划分别如表 10-1、表 10-2 和表 10-3 所示。

表 10-1　网元 LSR ID 规划

网元	LSR ID	网元	LSR ID
NE1	1.0.0.1	NE4	1.0.0.4
NE2	1.0.0.2	NE5	1.0.0.5
NE3	1.0.0.3	NE6	1.0.0.6

表 10-2　网元 NNI 接口规划

网　元	端　口	端口属性	端口 IP	掩　码
NE1	3-EG4F-1(PORT-1)	端口模式：三层	10.0.2.1	255.255.255.252(30)
	3-EG4F-2(PORT-2)	端口模式：三层	10.0.0.1	255.255.255.252(30)
NE2	11-82EG16-1(PORT-1)	端口模式：三层	10.0.6.1	255.255.255.252(30)
	11-82EG16-2(PORT-2)	端口模式：三层	10.0.0.2	255.255.255.252(30)
	11-82EG16-9(PORT-9)	端口模式：三层	10.0.7.1	255.255.255.252(30)
	11-82EG16-10(PORT-10)	端口模式：三层	10.0.1.1	255.255.255.252(30)

续表

网 元	端 口	端口属性	端口 IP	掩 码
NE3(SGW 为负载分担模式)	11-82EG16-1(PORT-1)	端口模式：三层	10.0.5.1	255.255.255.252(30)
	11-82EG16-2(PORT-2)	端口模式：三层	10.0.1.2	255.255.255.252(30)
NE4	3-EG4F-1(PORT-1)	端口模式：三层	10.0.2.2	255.255.255.252(30)
	3-EG4F-2(PORT-2)	端口模式：三层	10.0.3.1	255.255.255.252(30)
NE5	11-82EG16-1(PORT-1)	端口模式：三层	10.0.6.2	255.255.255.252(30)
	11-82EG16-2(PORT-2)	端口模式：三层	10.0.3.2	255.255.255.252(30)
	11-82EG16-9(PORT-9)	端口模式：三层	10.0.7.2	255.255.255.252(30)
	11-82EG16-10(PORT-10)	端口模式：三层	10.0.4.1	255.255.255.252(30)
NE6(SGW 为负载分担模式)	11-82EG16-1(PORT-1)	端口模式：三层	10.0.5.2	255.255.255.252(30)
	11-82EG16-2(PORT-2)	端口模式：三层	10.0.4.2	255.255.255.252(30)

表 10-3　网元 UNI 接口规划

网元	端 口	端口属性	端口 IP	掩码
NE1	4-EF8T-1(PORT-1)	端口模式：二层 TAG 标识：Tag Aware	—	—
NE2	2(L2VE-1)	端口模式：二层	—	—
	2(L3VE-2) 2(2)	端口模式：三层 端口类型：VLAN 汇聚子接口 汇聚 VLAN：100	未指定 MAC	未指定
NE3	16-ETFC-1(PORT-1)	端口模式：三层 Tunnel 使能：禁止 TAG 标识：Access	未指定	未指定
NE4	4-EF8T-1(PORT-1)	端口模式：二层 TAG 标识：Tag Aware	—	—
NE5	2(L2VE-1)	端口模式：二层	—	—
	2(L3VE-2) 2(2)	端口模式：三层 端口类型：VLAN 汇聚子接口 汇聚 VLAN：100	未指定 MAC	未指定
NE6 (SGW 为负载分担模式)	16-ETFC-1(PORT-1) 说明：SGW 为负载分担模式中 NE3、NE6 与 SGW 相连的用户侧接口的 IP 地址不在同一网段	端口模式：三层 Tunnel 使能：禁止 TAG 标识：Access	未指定	未指定

说明：

(1) 如果 VLAN 子接口和 VLAN 汇聚子接口需要加入到 L3VPN 业务中，在加入前不需要配置该端口的 IP 地址和 IP 掩码。

(2) 只有 PTN3900、PTN3900-8 设备的 TN83EX2、TN86EX4、TN86EX2 和 TN81EXL1 单板支持配置 VE 桥接组。对于不支持 VE 桥接组的单板，需要配置单板桥接关系。

(3) 采用物理接口作为 L3VPN 业务用户侧接口，需要去使能接口的 DCN 功能。

(4) 由于 SGW/MME 默认配置不带 VLAN，故示例中核心节点 NE3/NE6 的 UNI 端口 "TAG 标识"规划为"Access"。如果 SGW/MME 带有 VLAN，推荐使用子接口与对端对接。

(5) SGW 为负载分担模式，为解决单纤故障问题，推荐将 SGW 对接的核心节点的端口配置 BFD。

10.1.3 配置网元 LSR ID

在 LTE 场景中，网元 LSR ID 的配置过程如下。

PTN 网元基础配置

1. 配置对象

网元 LSR ID 的配置对象为 NE1、NE2、NE3、NE4、NE5、NE6。

2. 操作步骤

配置网元 LSR ID。

(1) 进入 NE1 的网元管理器，在功能树中选择"配置→MPLS 管理→基本配置"。

(2) 配置网元的 LSR ID、全局标签空间起始等参数，如表 10-4 及图 10-2 所示。

表 10-4 网元 LSR ID 等参数配置(1)

参 数 项	本例中取值	取 值 原 则
LSR ID	NE1：1.0.0.1	全网唯一，根据网络规格设置
全局标签空间起始	0	根据网络规格设置

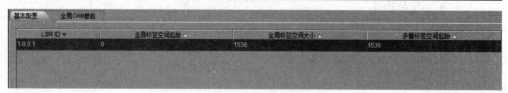

图 10-2 LSR ID 参数配置示意图

(3) 分别进入 NE2、NE3、NE4、NE5、NE6 的网元管理器，参见以上两步，配置 LSR ID 等参数，见表 10-5。

表 10-5　网元 LSR ID 参数配置(2)

参　数　项	本例中取值	取　值　原　则
LSR ID	NE2：1.0.0.2 NE3：1.0.0.3 NE4：1.0.0.4 NE5：1.0.0.5 NE6：1.0.0.6	全网唯一，根据网络规格设置
全局标签空间起始	0	根据网络规格设置

10.1.4　配置网络侧接口

在 LTE 场景中，配置网络侧接口，用于承载 Tunnel。

说明：本小节描述的配置网络侧接口为手工方式配置，仅供参考。一般情况下不需要手工配置，只需要在完成物理链路连接后搜索二层链路并转换成光纤，网管会自动进行设置。

网络侧接口的配置过程如下。

1. 配置对象

网络侧接口的配置对象为 NE1、NE2、NE3、NE4、NE5、NE6。

PTN 链路创建

PTN 接口地址管理

2. 操作步骤

步骤 1：在网元管理器中单击 NE1，在功能树中选择"配置→接口管理→Ethernet 接口"。

步骤 2：在"基本属性"选项卡中选择"3-EG4F-1(PORT-1)"和"3-EG4F-1(PORT-2)"，设置"端口模式"、"工作模式"等参数，单击"应用"。NE1 各接口基本属性参数配置见表 10-6 及图 10-3 所示。

表 10-6　NE1 各接口基本属性参数配置

参数项	本例中取值	取　值　原　则
端口使能	使能	使用某端口传送业务，必须先使能该端口
端口模式	三层	设置为"二层"时，该端口可以接入用户侧设备或承载基于端口独占的以太网业务；设置为"三层"时，该端口可以承载 Tunnel；设置为"混合"时，可以接入 L2 业务
工作模式	自协商	推荐采用自协商工作模式。如果在设置为自协商工作模式情况下，出现了通信失败，则需要根据对接设备的工作模式指定端口的工作模式。 在没有设置为自协商的其他任意一种工作模式情况下，要求对接两端的工作模式完全一致，否则无法进行通信。 与其他设备对接时，建议直接将两端工作模式均设置为全双工
最大帧长度	1620	最大数据包长度提供了一个过滤机制，通过设置该参数过滤掉以太网端口上接收到的大于某个长度的数据包。设置该参数时也要考虑对端发送的数据包的长度，如果参数值小于对端发送的数据包的长度，则该链路无法正常传送业务报文

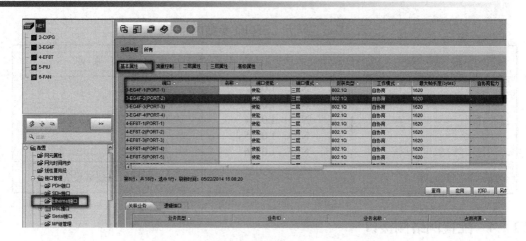

图 10-3　NE1 各接口基本属性参数配置示意图

步骤 3：在"三层属性"选项卡中选择"3-EG4F-1(PORT-1)"和"3-EG4F-2(PORT-2)"，对相关参数进行配置后单击"应用"。NE1 各接口三层属性参数设置如表 10-7 及图 10-4 所示。

表 10-7　NE1 各接口三层属性参数设置

参 数 项	本例中取值	取 值 原 则
Tunnel 使能状态	使能	在配置有业务的情况下，需要使能 MPLS
TE 度量	10	度量值越小，链路的优先级越高
IP 地址指定形式	手工指定	最常用的是指定端口 IP 地址参数，如果当前的 IP 地址资源紧张，可以指定当前端口借用网元或其他端口的 IP 地址；且只有 PPP 链路才可以进行借用操作，对被借用 IP 地址的网元或端口要求 IP 地址参数有效
IP 地址	3-EG4F-1：10.0.2.1 3-EG4F-2：10.0.0.1	根据网络规划设置。"IP 地址指定形式"设置为"手工指定"时本参数可设
IP 掩码	255.255.255.252(30)	根据网络规划设置。"IP 地址指定形式"设置为"手工指定"时本参数可设

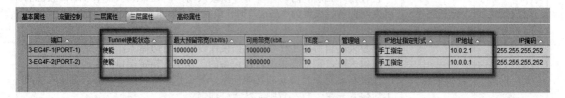

图 10-4　NE1 各接口三层属性参数配置示意图

分别进入 NE2、NE3、NE4、NE5、NE6 的网元管理器，参见步骤 1 至步骤 3，配置各接口的相关参数。

表 10-8　各网元接口基本属性参数配置

参 数 项	本例中取值	取 值 原 则
端口使能	使　能	使用某端口传送业务，必须先使能该端口
端口模式	NE2 11-82EG16-1(PORT-1)：三层 11-82EG16-2(PORT-2)：三层 11-82EG16-9(PORT-9)：三层 11-82EG16-10(PORT-10)：三层 NE3(SGW 为负载分担模式) 11-82EG16-1(PORT-1)：三层 11-82EG16-2(PORT-2)：三层 NE4 3-EG4F-1 (PORT-1)：三层 3-EG4F-2(PORT-2)：三层 NE5 11-82EG16-1(PORT-1)：三层 11-82EG16-2(PORT-2)：三层 11-82EG16-9(PORT-9)：三层 11-82EG16-10(PORT-10)：三层 NE6(SGW 为负载分担模式) 11-82EG16-1(PORT-1)：三层 11-82EG16-2(PORT-2)：三层	设置为"二层"时，该端口可以接入用户侧设备或承载基于端口独占的以太网业务；设置为"三层"时，该端口可以承载 Tunnel；设置为"混合"时，可以接入 L2 业务
工作模式	自协商	推荐采用自协商工作模式。如果在设置为自协商工作模式情况下，出现了通信失败，则需要根据对接设备的工作模式指定端口的工作模式； 在没有设置为自协商的其他任意一种工作模式情况下，要求对接两端的工作模式完全一致，否则无法进行通信； 与其他设备对接时，建议直接将两端工作模式均设置为全双工
最大帧长度	1620	最大数据包长度提供了一个过滤机制，通过设置该参数过滤掉以太网端口上接收到的大于某个长度的数据包。设置该参数时也要考虑对端发送的数据包的长度，如果参数值小于对端发送的数据包的长度，则该链路无法正常传送业务报文

表 10-9 各网元接口三层属性参数设置

参 数 项	本例中取值	取 值 原 则
Tunnel 使能状态	使能	在配置有业务的情况下，需要使能 MPLS
TE 度量	10	度量值越小，链路的优先级越高
IP 地址指定形式	手工指定	最常用的是指定端口 IP 地址参数，如果当前的 IP 地址资源紧张，可以指定当前端口借用网元或其他端口的 IP 地址；且只有 PPP 链路才可以进行借用操作，对被借用 IP 地址的网元或端口要求 IP 地址参数有效
IP 地址	NE2 11-82EG16-1(PORT-1)：10.0.6.1 11-82EG16-2(PORT-2)：10.0.0.2 11-82EG16-9(PORT-9)：10.0.7.1 11-82EG16-10(PORT-10) ：10.0.1.1 NE3(SGW 为负载分担模式) 11-82EG16-1(PORT-1)：10.0.5.1 11-82EG16-2(PORT-2)：10.0.1.2 NE4 3-EG4F-1(PORT-1)：10.0.2.2 3-EG4F-2(PORT-2)：10.0.3.1 NE5 11-82EG16-1 (PORT-1)：10.0.6.2 11-82EG16-2 (PORT-2)：10.0.3.2 11-82EG16-9 (PORT-9)：10.0.7.2 11-82EG16-10 (PORT-10) ：10.0.4.1 NE6(SGW 为负载分担模式) 3-EG16-1(PORT-1)：10.0.5.2 3-EG16-2(PORT-2)：10.0.4.2	根据网络规划设置。"IP 地址指定形式"设置为"手工指定"时本参数可设
IP 掩码	255.255.255.252(30)	根据网络规划设置，"IP 地址指定形式"设置为"手工指定"时本参数可设

10.1.5　配置 VE 桥接组

在 LTE 场景中配置 VE 桥接组，会自动创建 L2VE 接口和 L3VE 接口。配置 VE 桥接组的过程如下。

1. 配置对象

VE 桥接组的配置对象为 NE2、NE5。

2. 操作步骤

步骤 1：配置 VE 桥接组。

(1) 在网元管理器中单击网元 NE2，在功能树中选择"配置→接口管理→L2VPN 和 L3VPN 桥接组管理"。

(2) 选择"VE 组管理"页签，单击"新建"。

(3) 在弹出的"创建 VE 桥接组"对话框中设置 VE 桥接组相关参数，如表 10-10 及图 10-5 所示。

VE 接口创建

表 10-10　VE 桥接组参数配置(NE2)

参 数 项	本例中取值	取 值 原 则
组 ID	1	根据网络规格设置
L2VE 端口号	1	根据网络规格设置
L2VE 名称	1	根据网络规格设置
L3VE 端口号	2	根据网络规格设置
L3VE 名称	2	根据网络规格设置

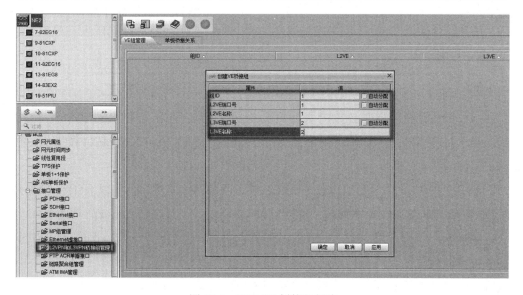

图 10-5　NE2 VE 桥接组创建

(4) 修改 NE2 和 NE5 上的 L3VE 接口的 MAC 地址为相同数值。

(5) 进入 NE5 的网元管理器，配置相关参数，如表 10-11 及图 10-6 所示。

表 10-11　VE 桥接组参数配置(NE5)

参　数　项	本例中取值	取　值　原　则
组 ID	2	根据网络规格设置
L2VE 端口号	1	根据网络规格设置
L2VE 名称	1	根据网络规格设置
L3VE 端口号	2	根据网络规格设置
L3VE 名称	2	根据网络规格设置

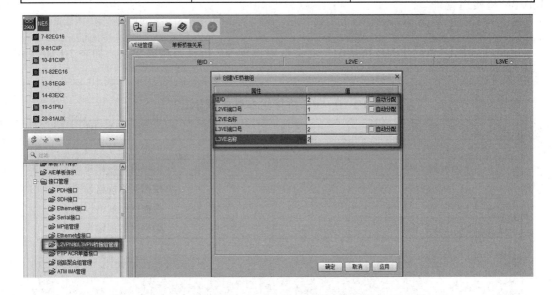

图 10-6　NE5 VE 桥接组创建

步骤 2：配置单板桥接关系(本例无需此步骤)。

说明：单板桥接关系非必需配置，如果 L2/L3 节点采用 81EG8/81EG8E/81EG12E/82EX2/82EX2E 作为 L2、L3 业务网络侧端口，才需在 83EX2/86EX2/86EX4 配置 VE 桥接代理功能。

假设 NE2 和 NE5 采用 3-81EG8 作为 L2、L3 业务网络侧端口，则以下(1)～(3)步必须完成。本例采用 11-82EG16 作为 L2、L3 业务网络侧端口，可忽略以下(1)～(3)步。

(1) 在网元管理器中单击网元 NE2，在功能树中选择"配置→接口管理→L2VPN 和 L3VPN 桥接组管理"。

(2) 选择"单板桥接关系"页签，设置相关参数，见表 10-12。

表 10-12　单板桥接关系配置(NE2)

参 数 项	本例中取值	取 值 原 则
源单板	3-81EG8	根据网络规格设置
宿主单板	6-86EX4	根据网络规格设置
备单板	7-86EX4	根据网络规格设置

(3) 进入 NE5 的网元管理器，配置相关参数，见表 10-13。

表 10-13　单板桥接关系配置(NE5)

参 数 项	本例中取值	取 值 原 则
源单板	3-81EG8	根据网络规格设置
宿主单板	6-86EX4	根据网络规格设置
宿备单板	7-86EX4	根据网络规格设置

步骤 3：修改 NE2 和 NE5 上 L3VE 接口的 MAC 地址为相同数值，如表 10-14 及图 10-7 所示。

表 10-14　MAC 地址取值

参 数 项	本例中 MAC 取值	取 值 原 则
NE2 L3VE	00-11-00-11-00-11	根据网络规格设置
NE5 L3VE	00-11-00-11-00-11	根据网络规格设置

(1) 在网元管理器中单击网元 NE2，在功能树中选择"配置→接口管理→Ethernet 虚接口"。

(2) 选择"基础属性"页签，设置相关参数。

(3) NE5 参数的设置参照上述(1)、(2)步骤。

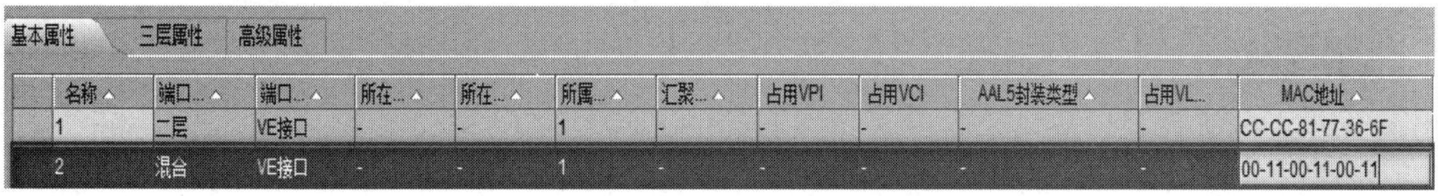

基本属性	三层属性	高级属性								
名称	端口	端口	所在	所在	所属	汇聚	占用VPI	占用VCI	AAL5封装类型	占用VL...	MAC地址
1	二层	VE接口	-	-	1	-	-	-	-		CC-CC-81-77-36-6F
2	混合	VE接口	-	-	1	-	-	-	-		00-11-00-11-00-11

图 10-7　MAC 地址配置

10.1.6　配置 VLAN 汇聚子接口

在 LTE 场景中，在 VE 桥接组中的 L3VE 接口上，创建 VLAN 汇聚子接口，用于接入 L3VPN 业务。VLAN 汇聚子接口的配置过程如下。

1. 配置对象

VLAN 汇聚子接口的配置对象为 NE2、NE5。

2. 操作步骤

步骤 1：在网元管理器中单击网元 NE2，在功能树中选择"配置→接口管理→Ethernet 虚接口"。

步骤 2：在"基本属性"选项卡中，选择"新建→新建 VLAN 汇聚子接口"。

步骤 3：在弹出的"创建 VLAN 汇聚子接口"对话框中，设置相关参数，如表 10-15 及图 10-8、图 10-9 所示。

表 10-15　VLAN 汇聚子接口参数配置(NE2)

参 数 项	本例中取值	取 值 原 则
端口	2	根据网络规格设置
名称	2	根据网络规格设置
端口类型	VLAN 汇聚子接口	根据网络规格设置
所在单板	VE 接口	根据网络规格设置
所在端口	2(VE-2)	根据网络规格设置
汇聚 VLAN	10-100	建议通过 VLAN LIST 方式配置一个网段的 VLAN，VLAN 汇聚子接口不能超过 255 个 VLAN。本例中为 10-100
IP 地址指定形式	未指定	如果 VLAN 汇聚子接口需要加入到 L3VPN 业务中，在加入到 L3VPN 业务之前，无需配置该端口的 IP 地址和 IP 掩码
ARP 代理	使能	通过使能"ARP 代理"功能，可以实现不同网络间互相通信的目的

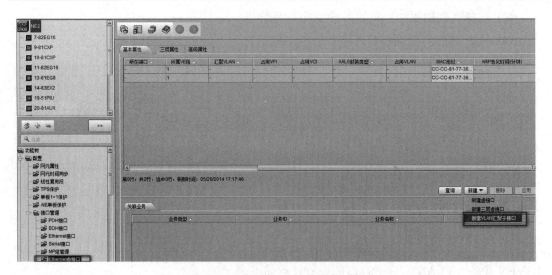

图 10-8　NE2 VLAN 汇聚子接口创建(1)

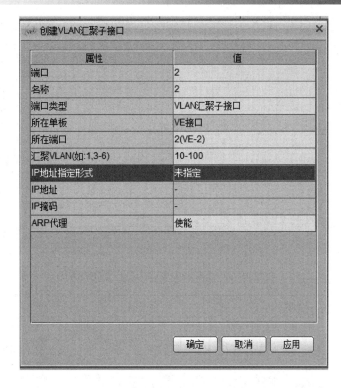

图 10-9　NE2 VLAN 汇聚子接口创建(2)

步骤 4：进入 NE5 的网元管理器，配置相关参数，如表 10-16 及图 10-10、图 10-11 所示。

表 10-16　VLAN 汇聚子接口参数配置(NE5)

参 数 项	本例中取值	取 值 原 则
端口	2	根据网络规格设置
名称	2	根据网络规格设置
端口类型	VLAN 汇聚子接口	根据网络规格设置
所在单板	VE 接口	根据网络规格设置
所在端口	2(VE-2)	根据网络规格设置
汇聚 VLAN	10-100	建议通过 VLAN LIST 方式配置一个网段的 VLAN，VLAN 汇聚子接口不能超过 255 个 VLAN。本例中为 10-100
IP 地址指定形式	未指定	如果 VLAN 汇聚子接口需要加入到 L3VPN 业务中，在加入到 L3VPN 业务之前，无需配置该端口的 IP 地址和 IP 掩码
ARP 代理	使能	通过使能 "ARP 代理" 功能，可以实现不同网络间互相通信的目的

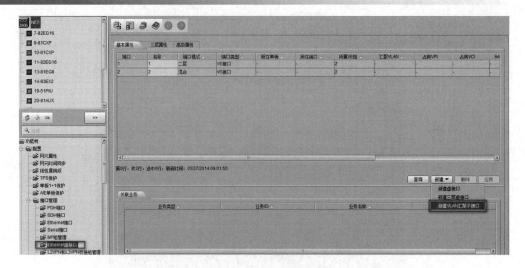

图 10-10　NE5 VLAN 汇聚子接口创建(1)

属性	值
端口	2
名称	2
端口类型	VLAN汇聚子接口
所在单板	VE接口
所在端口	2(VE-2)
汇聚VLAN(如:1,3-6)	10-100
IP地址指定形式	未指定
IP地址	-
IP掩码	-
ARP代理	使能

图 10-11　NE5 VLAN 汇聚子接口创建(2)

10.1.7　配置用户侧接口(L2VPN 业务)

在 L2VPN 业务中配置 L2VPN 业务用户侧接口，用于接入 L2VPN 业务。用户侧接口的配置过程如下。

PTN LTE L2 业务配置

1．配置对象

用户侧接口(L2VPN)配置对象为接入层 PTN 设备(本例以 PTN1 接入基站业务为例)。

2．操作步骤

步骤 1：在网元管理器中单击 NE1，在功能树中选择"配置→接口管理→Ethernet
接口"。

步骤 2：在"基本属性"选项卡中选择"4-EF8T-1(PORT-1)"，设置"端口模式"、
"工作模式"等参数，如表 10-17 及图 10-12 所示，单击"应用"。

表 10-17　NE1 各接口基本属性参数配置

参数项	本例中取值	取 值 原 则
端口使能	使能	使用某端口传送业务，必须先使能该端口
端口模式	二层	设置为"二层"时，该端口可以接入用户侧设备或承载基于端口独占的以太网业务；设置为"三层"时，该端口可以承载 Tunnel；设置为"混合"时，可以接入 L2 业务
工作模式	自协商	推荐采用自协商工作模式。如果在设置为自协商工作模式情况下，出现了通信失败，则需要根据对接设备的工作模式指定端口的工作模式。 在没有设置为自协商的其他任意一种工作模式情况下，要求对接两端的工作模式完全一致，否则无法进行通信。 与其他设备对接时，建议直接将两端工作模式均设置为全双工
最大帧长度	1620	最大数据包长度提供了一个过滤机制，通过设置该参数过滤掉以太网端口上接收到的大于某个长度的数据包。设置该参数时也要考虑对端发送的数据包的长度，如果参数值小于对端发送的数据包的长度，则该链路无法正常传送业务报文

图 10-12　NE1 端口属性设置(1)

步骤 3：在"二层属性"选项卡中选择"4-EF8T-1(PORT-1)"，设置"TAG 标识"为"Access"，
如图 10-13 所示，单击"应用"。

图 10-13　NE1 端口属性设置(2)

10.1.8 配置用户侧接口(L3VPN 业务)

在静态 L3VPN 业务中，配置 L3VPN 业务用户侧接口，用于接入 L3VPN 业务。如果需要把物理接口加入到 L3VPN 业务中，需要去使能接口的 DCN 功能。NE3 和 NE6 用户侧接口的配置过程如下。

1．配置对象

用户侧接口(L3VPN)配置对象为 NE3、NE6。

2．操作步骤

步骤 1：分别进入到 NE3 和 NE6 的网元管理器中，在功能树中选择"配置→接口管理→Ethernet 接口"。

步骤 2：在"基本属性"选项卡中选择"16-ETFC-1(PORT-1)"，设置"端口模式"等参数如表 10-18 及图 10-14 所示，单击"应用"。

表 10-18　NE3 各接口基本属性参数配置

参数项	本例中取值	取 值 原 则
端口使能	使能	使用某端口传送业务，必须先使能该端口
端口模式	三层	设置为"二层"时，该端口可以接入用户侧设备或承载基于端口独占的以太网业务；设置为"三层"时，该端口可以承载 Tunnel；设置为"混合"时，可以接入 L2 业务
工作模式	自协商	推荐采用自协商工作模式。如果在设置为自协商工作模式情况下，出现了通信失败，则需要根据对接设备的工作模式指定端口的工作模式； 在没有设置为自协商的其他任意一种工作模式情况下，要求对接两端的工作模式完全一致，否则无法进行通信； 与其他设备对接时，建议直接将两端工作模式均设置为全双工
最大帧长度	1620	最大数据包长度提供了一个过滤机制,通过设置该参数过滤掉以太网端口上接收到的大于某个长度的数据包。设置该参数时也要考虑对端发送的数据包的长度,如果参数值小于对端发送的数据包的长度，则该链路无法正常传送业务报文

图 10-14　NE3 端口属性设置

步骤 3：在"二层属性"选项卡中选择"16-ETFC-1(PORT-1)"，设置"TAG 标识"为"Access"，如图 10-15 所示。

基本属性	流量控制	二层属性	三层属性	高级属性		

端口 ∧	QinQ类型域 ∧	TAG标识 ∧	缺省VLAN ID	VLAN优先级
13-81EG8-3(PORT-3)	FF FF	Tag Aware	1	0
13-81EG8-4(PORT-4)	FF FF	Tag Aware	1	0
13-81EG8-5(PORT-5)	FF FF	Tag Aware	1	0
13-81EG8-6(PORT-6)	FF FF	Tag Aware	1	0
13-81EG8-7(PORT-7)	FF FF	Tag Aware	1	0
13-81EG8-8(PORT-8)	FF FF	Tag Aware	1	0
14-83EX2-1(PORT-1)	FF FF	Tag Aware	1	0
14-83EX2-2(PORT-2)	FF FF	Tag Aware	1	0
16-ETFC-1(PORT-1)	FF FF	Access	1	0

图 10-15　NE3 二层属性设置

步骤 4：在网元管理器中单击 NE3，在功能树中选择"通信→DCN 管理"。

步骤 5：在"端口设置"选项卡中，选中"FE/GE"端口类型，选择"16-ETFC-1(端口-1)"，设置"使能状态"为"禁止"，如图 10-16 所示。

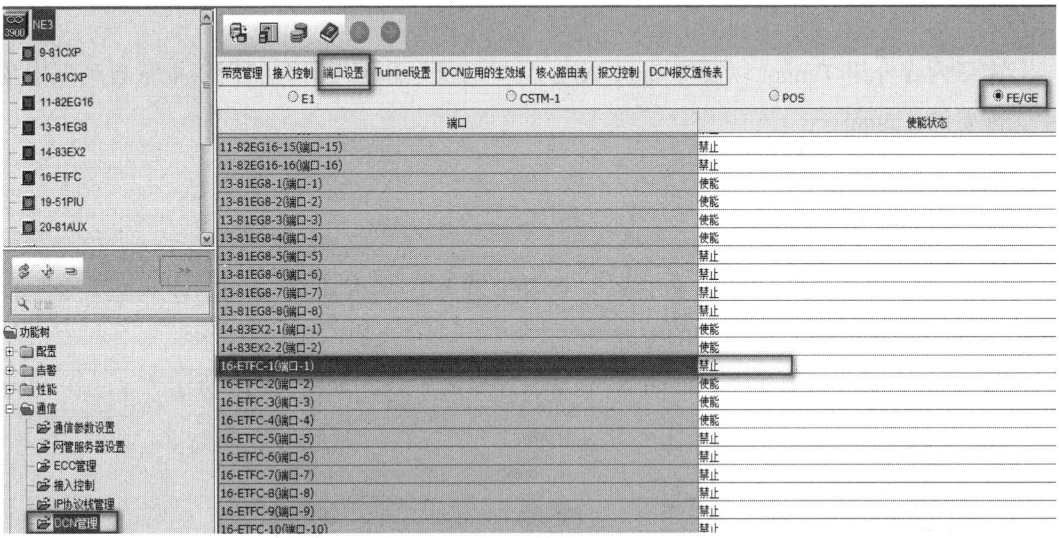

图 10-16　NE3 DCN 设置

步骤 6：QOS 配置，PTN 如果采用 Access 模式与核心网 MME/SGW/OMC/省干 PTN 对接，则对端报文没带 VLAN，故这里需要在 NE3、NE6 上设置端口按 IP-DSCP 进行优先级映射。

步骤 7：参考步骤 1～步骤 6 配置 NE6 的用户接口 16-ETFC-1(PORT-1)。

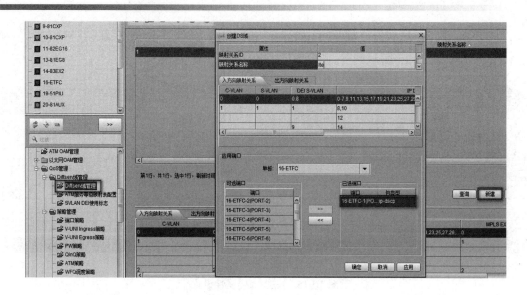

图 10-17　DS 域创建

10.2　配置 Tunnel 及保护

本章内容介绍 Tunnel 以及 Tunnel APS 保护的规划和配置，包括网管批量自动配置及手工配置的 Tunnel。

10.2.1　配置思路

下面介绍 LTE 场景 VLL 方案(E-Line 业务 + 静态 L3VPN 业务)中，SGW 为负载分担模式中 Tunnel 和 Tunnel APS 保护的配置思路。

SGW 为负载分担模式中 Tunnel 和 Tunnel APS 保护规划如图 10-18 所示。

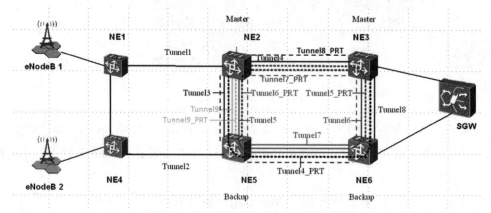

图 10-18　Tunnel 和 Tunnel APS 保护规划

Tunnel 及 Tunnel APS 保护规划如下：

(1) 手动配置：NE2 和 NE5 之间的两根桥接线上，配置 Tunnel 1：1 APS 保护(Tunnel9)，用于承载 ICB 通道(同步协议通道)。

(2) 网管批量配置：NE1 和 NE2/NE5 之间，配置 Tunnel 1 和 Tunnel 2，用于承载 E-Line 业务，同时 NE2 和 NE5 之间需要配置一条双向 Tunnel(Tunnel 3)，用于承载 DNI PW。Tunnel 1、Tunnel 2、Tunnel 3 无需单独创建，可以在配置 E-Line 业务过程中，批量创建完成。

(3) 网管批量配置：为了承载静态 L3VPN 业务以及 VPN FRR 保护，NE2 上需要配置三条双向 Tunnel，第一条为 NE2-NE3，第二条为 NE2-NE5-NE6-NE3，第三条为 NE2-NE5-NE6。第一条 Tunnel 为 VPN FRR 主路由 Tunnel，第二条为 VPN FRR 主路由 Tunnel 的 1：1 APS 保护 Tunnel，第三条 Tunnel 为 VPN FRR 备路由 Tunnel。同理配置 NE3、NE5、NE6。同时，在 SGW 为负载分担模式方案中，NE3 和 NE6 之间需要配置 Tunnel 8，用于承载备路由。以上 Tunnel 无需单独创建，可以在配置静态 L3VPN 业务过程中，批量创建完成。

承载静态 L3VPN 业务 Tunnel 规划见表 10-19。

表 10-19　承载静态 L3VPN 业务 Tunnel 规划

网元	Tunnel 路径
NE2	VPN FRR 主路由 Tunnel(NE2-NE3)：Tunnel 4 VPN FRR 主路由保护 Tunnel(NE2-NE5-NE6-NE3)：Tunnel 4_PRT VPN FRR 备路由 Tunnel(NE2-NE5-NE6)：Tunnel 5 VPN FRR 备路由保护 Tunnel(NE5- NE2-NE3-NE6)：Tunnel 7_PRT 混合 FRR 备路由保护 Tunnel(NE3-NE2-NE5-NE6)：Tunnel 8_PRT
NE3	VPN FRR 主路由 Tunnel(NE3-NE2)：Tunnel 4 VPN FRR 主路由保护 Tunnel(NE3-NE6-NE5-NE2)：Tunnel 4_PRT VPN FRR 备路由 Tunnel(NE3-NE6-NE5)：Tunnel 6 VPN FRR 备路由保护 Tunnel(NE5- NE2-NE3-NE6)：Tunnel 7_PRT 混合 FRR 备路由 Tunnel(NE3-NE6)：Tunnel 8 混合 FRR 备路由保护 Tunnel(NE3-NE2-NE5-NE6)：Tunnel 8_PRT
NE5	VPN FRR 主路由 Tunnel(NE5-NE6-NE3)：Tunnel 6 VPN FRR 主路由保护 Tunnel(NE5-NE2-NE3)：Tunnel 6_PRT VPN FRR 备路由 Tunnel(NE5-NE6)：Tunnel 7 VPN FRR 备路由保护 Tunnel(NE5- NE2-NE3-NE6)：Tunnel 7_PRT 混合 FRR 备路由保护 Tunnel(NE3-NE2-NE5-NE6)：Tunnel 8_PRT
NE6	VPN FRR 主路由 Tunnel(NE6-NE5-NE2)：Tunnel 5 VPN FRR 主路由保护 Tunnel(NE6-NE3-NE2)：Tunnel 5_PRT VPN FRR 备路由 Tunnel(NE6-NE5)：Tunnel 7 VPN FRR 备路由保护 Tunnel(NE5- NE2-NE3-NE6)：Tunnel 7_PRT 混合 FRR 备路由 Tunnel(NE3-NE6)：Tunnel 8 混合 FRR 备路由保护 Tunnel(NE3-NE2-NE5-NE6)：Tunnel 8_PRT

10.2.2 数据规划

配置 Tunnel 及 Tunnel APS 保护前需要进行数据规划。

由于承载 E-Line 业务和静态 L3VPN 业务的 Tunnel 可以通过网管批量创建，故本节以承载 ICB 协议通道的 Tunnel 9 的数据规划为例介绍 Tunnel 的数据规划，见表 10-20。

表 10-20　Tunnel 9 数据规划

参　　数	Tunnel 9	Tunnel 9_PRT
Tunnel ID	1000	1010
名称	Tunnel 9	Tunnel 9_PRT
协议类型	MPLS	MPLS
信令类型	静态 CR	静态 CR
业务方向	双向	双向
保护类型	1:1	1:1
保护组名称	Protection Group 9	Protection Group 9
倒换模式	双端倒换	双端倒换
自动计算路由	选中	选中
调度类型	E-LSP	E-LSP
可保证带宽	10000	10000
额外突发缓冲大小	10000	10000
峰值带宽	20000	20000
额外最大突发缓冲大小	20000	20000
Ingress 节点	NE2	NE2
Egress 节点	NE5	NE5
Ingress 节点路由约束	NE2 出接口：11-82EG16-1(Port-1) 下一跳：10.0.6.2	NE2 出接口：11-82EG16-9(Port-9) 下一跳：10.0.7.2
Egress 节点路由约束	NE5 入接口：11-82EG16-1(Port-1) 反向下一跳：10.0.6.1	NE5 入接口：11-82EG16-9(Port-9) 反向下一跳：10.0.7.1
检测模式	人工	人工
检测报文类型	FFD	FFD
检测报文周期(ms)	3.3	3.3
CV/FFD 状态	启动	启动
SF 门限	0	0
SD 门限	0	0
协议状态使能	使能	使能
恢复模式	恢复模式	恢复模式
等待恢复时间(秒)	300	300
拖延时间(100 ms)	0	0

10.2.3 配置 Tunnel(Tunnel APS 保护)

以下介绍 LTE 场景 VLL 方案(E-Line 业务+静态 L3VPN 业务)中，带有 Tunnel APS 保护的双向 Tunnel 的配置过程。由于承载 E-Line 业务和静态 L3VPN 业务的 Tunnel 可以通过网管批量创建，故本节以承载 ICB 协议通道的 Tunnel 9 的配置过程为例介绍 Tunnel 的配置过程。

PTN Tunnel 基本参数配置

1. 前提条件

已了解示例的组网与需求及业务规划。

PTN 无保护 Tunnel 创建

2. 操作步骤

步骤 1：在主菜单中选择"业务→Tunnel→创建 Tunnel"。

步骤 2：配置 Tunnel 9 的基本信息，如表 10-21 及图 10-19 所示。

PTN 保护 Tunnel 创建

表 10-21 Tunnel 9 基本信息表

参 数 项	本例中取值	取 值 原 则
Tunnel 名称	Tunnel 9	根据业务规划设置
保护 Tunnel 名称	Tunnel9_PRT	根据业务规划设置
协议类型	MPLS	根据业务规划设置
信令类型	静态 CR	根据业务规划设置
业务方向	双向	根据业务规划设置
保护类型	1:1	根据业务规划设置
保护组名称	Protection Group 9	根据业务规划设置
倒换模式	双端倒换	根据业务规划设置
自动计算路由	选中	根据业务规划设置

属性	值
Tunnel名称	Tunnel9
反向Tunnel名称	-
保护Tunnel名称	Tunnel9_PRT
反向保护Tunnel名称	-
协议类型	MPLS
信令类型	静态 CR
模板	
业务方向	双向
创建反向Tunnel	
保护类型	1:1
保护组名称	Protection Group9
倒换模式	双端倒换
备注	
☑ 自动计算路由	

图 10-19 Tunnel 创建

步骤 3：配置网元列表。在物理拓扑上分别双击选择 NE2、NE5，并设置相应的网元角色，如表 10-22 及图 1-21 所示，创建结果见图 10-20。

表 10-22 网元角色配置表

参 数 项	本例中取值	取 值 原 则
网元角色	工作 Tunnel NE2：Ingress NE5：Egress 保护 Tunnel NE2：Ingress NE5：Egress	Ingress 为入网络节点； Egress 为出网络节点
部署	选中	选中部署，Tunnel 保存网管侧，同时下发到网元侧

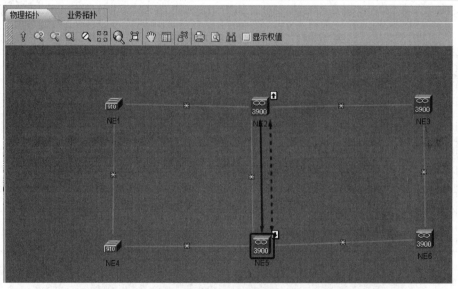

图 10-20 创建结果

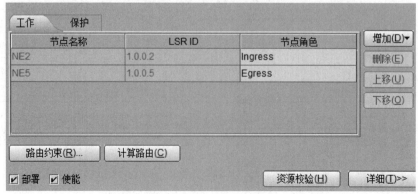

图 10-21 详细参数配置

步骤 4：单击"详细"按钮，配置工作 Tunnel 的详细参数见表 10-23，单击"确定"按钮。

表 10-23　Tunnel 详细参数表

参 数 项	本例中取值	取 值 原 则
Tunnel ID	工作 Tunnel：1000 保护 Tunnel：1010	根据业务规划设置
MTU	1620	根据业务规划设置
调度类型	E-LSP	目前只支持设置为 E-LSP
EXP	None	根据网络规划设置
出接口	工作 Tunnel： NE2：11-82EG16-1(Port-1) 保护 Tunnel： NE2：11-82EG16-9(Port-9)	出接口只有 Ingress 节点和 Transit 节点需要设置，根据业务规划设置出接口
入接口	工作 Tunnel： NE5：11-82EG16-1(Port-1) 保护 Tunnel： NE5：11-82EG16-9(Port-9)	入接口只有 Egress 节点和 Transit 节点需要设置，根据业务规划设置入接口
下一跳	工作 Tunnel： NE2：10.0.6.2 保护 Tunnel： NE2：10.0.7.2	根据网络规划设置
反向下一跳	工作 Tunnel： NE5：10.0.6.1 保护 Tunnel： NE5：10.0.7.1	根据网络规划设置

步骤 5：单击"自动分配标签"，如图 10-22 及图 10-23 所示。

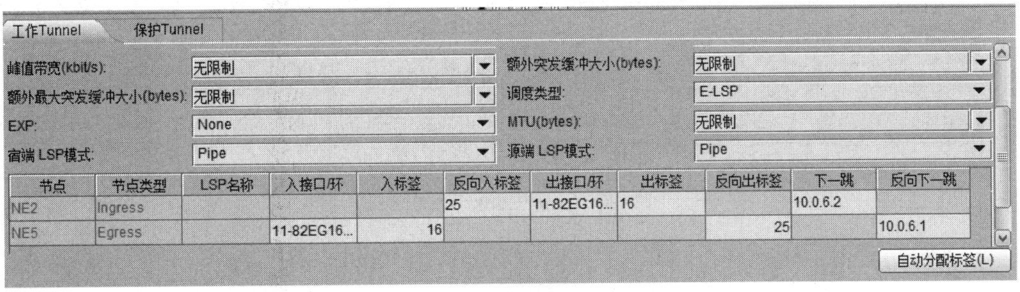

图 10-22　工作 Tunnel 标签分配

工作Tunnel	保护Tunnel

峰值带宽(kbit/s):	无限制	额外突发缓冲大小(bytes):	无限制
额外最大突发缓冲大小(bytes):	无限制	调度类型:	E-LSP
EXP:	None	MTU(bytes):	无限制
宿端LSP模式:	Pipe	源端LSP模式:	Pipe

节点	节点类型	LSP名称	入接口时隙	入标签	反向入标签	出接口时隙	出标签	反向出标签	下一跳	反向下一跳
NE2	Ingress				26	11-82EG16...	17		10.0.7.2	
NE5	Egress		11-82EG16...	17				26		10.0.7.1

自动分配标签(L)

图 10-23　保护 Tunnel 标签分配

步骤 6：单击"配置 OAM"，在弹出的窗口中，设置"检测模式"为"人工"以及其他配置 OAM 相关参数见表 20-24，单击"确定"按钮，如图 10-24 所示。

表 10-24　OAM 参数表

参 数 项	本例中取值	取 值 原 则
检测模式	人工	根据业务规划设置
检测报文类型	FFD	根据业务规划设置
检测报文周期(ms)	3.3	根据业务规划设置
CV/FFD 状态	启动	根据业务规划设置
SF 门限	0	根据业务规划设置
SD 门限	0	根据业务规划设置

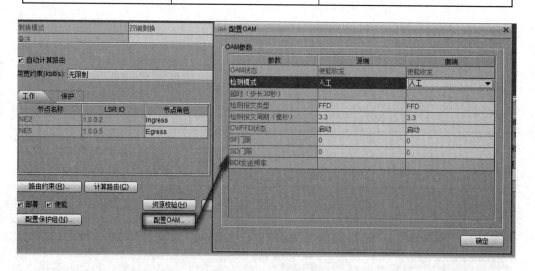

图 10-24　配置 OAM 参数

步骤 7：单击"配置保护组"，在弹出的窗口中，设置"恢复模式"为"恢复"，以及其他保护组相关参数见表 10-25，单击"确定"按钮，如图 10-25 所示。

表 10-25　保护组参数表

参　数　项	本例中取值	取　值　原　则
协议状态	使能	根据业务规划设置
恢复模式	恢复	根据业务规划设置
等待恢复时间(s)	300	根据业务规划设置
拖延时间(100 ms)	0	根据业务规划设置

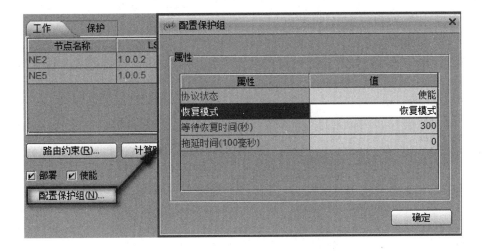

图 10-25　配置保护组参数

步骤 8：单击"应用"。

PTN Tunnel 通信测试

10.2.4　检查配置结果(Tunnel)

当 Tunnel 配置完成后，通过"测试与检查"功能可以检测 Tunnel 的连通性。

1. 前提条件

已经配置好的 Tunnel。

2. 操作步骤

步骤 1：在主菜单中选择"业务→Tunnel→Tunnel 管理"。

步骤 2：在弹出的"过滤条件"对话框中，根据需要设置过滤条件，然后单击"过滤"，查询结果区显示所有符合条件的业务。

步骤 3：选择待诊断的 Tunnel，单击右键选择"诊断→测试与检查"。

步骤 4：在"诊断选项"页签中，选中"LSP Ping"项，如图 10-26 所示。

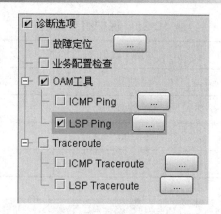

图 10-26 诊断选项

步骤 5：单击 [...]，设置 LSP Ping 的高级参数。将正向的"应答模式"设置为"无回应"，单击"确定"按钮，如图 10-27 所示。

图 10-27 测试参数设置

步骤 6：单击"运行"按钮，对选中的一条或多条待调测路径进行测试检查。

步骤 7：等待几秒钟后，在"检查结果"页签中，显示操作结果。单击"详细信息"下的 [...] 按钮，查看检查结果，如图 10-28 所示。

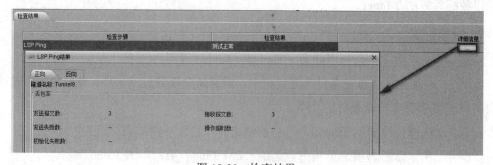

图 10-28 检查结果

10.3　配置 ICB 通道

在双归节点 NE2 和 NE5 之间，配置 ICB 协议通道，双归节点可以通过跨设备同步通信互相通告各自的 AC 侧链路工作状态。

1．配置对象

ICB 通道的配置对象为 NE2、NE5。

2．操作步骤

步骤 1：在网元管理器中单击 NE2，在功能树中选择"配置→同步协议管理"。

步骤 2：单击"新建"，弹出"创建跨设备同步协议"对话框，在该对话框中配置跨设备同步通信的相关参数，如表 10-26 及图 10-29 所示。

表 10-26　NE2 跨设备同步通信参数设置

参 数 项	本例中取值	取 值 原 则
协议通道 ID	1	建议按照网络规划取值
对端设备 IP 地址	—	建议按照网络规划取值
Hello 时间间隔(s)	1	通过周期发送 Hello 报文可以检测对端状态
超时时间(s)	600	接收的 Hello 报文超时时间超过设定的门限后，将认为对端失效
协议通道类型	MPLS Tunnel	建议按照网络规划取值
Tunnel	Tunnel 9	选择协议通道的承载 Tunnel 为双向 Tunnel，并且需要选择工作 Tunnel，不能选择保护 Tunnel

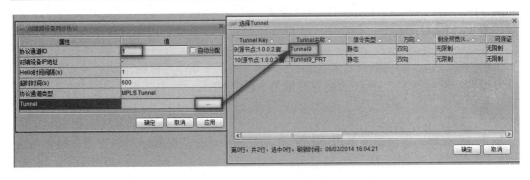

图 10-29　创建跨设备同步协议

步骤 3：单击"确定"按钮。

步骤 4：进入 NE5 的网元管理器，参考上述步骤，配置 ICB 通道，如表 10-27 及图 10-30 所示。

表 10-27 NE5 跨设备同步通信参数设置

参 数 项	本例中取值	取 值 原 则
协议通道 ID	1	建议按照网络规划取值
对端设备 IP 地址	—	建议按照网络规划取值
Hello 时间间隔(s)	1	通过周期发送 Hello 报文可以检测对端状态
超时时间(s)	600	接收的 Hello 报文超时时间超过设定的门限后,将认为对端失效
协议通道类型	MPLS Tunnel	建议按照网络规划取值
Tunnel	Tunnel 9	协议通道的承载的双向 Tunnel

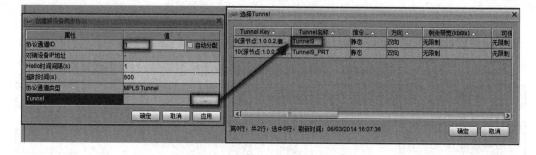

图 10-30 创建跨设备协议 Tunnel 选择

10.4 配置汇聚核心节点间 MC-LAG

MC-LAG 协商配置

在 LTE 场景 VLL 方案(E-Line 业务+静态 L3VPN 业务)中,汇聚核心节点 NE2 和 NE5 之间配置 MC-LAG 的配置过程如下。该配置也可以在端到端界面中进行配置。

1. 配置对象

汇聚核心节点间 MC-LAG 的配置对象为 NE2、NE5。

2. 操作步骤

步骤 1:在网元管理器中单击 NE2,在功能树中选择"配置→接口管理→链路聚合组管理"。

步骤 2:在"链路聚合组管理"选项卡,点击"新建"。

步骤 3:在弹出的"创建链路聚合组"页签,设置"聚合组名称"、"聚合组类型"为"手工聚合"、"系统优先级"、"主单板"和"主端口"等参数如表 10-28 及图 10-31 所示。

表 10-28　NE2 链路聚合组参数设置

参数项	NE2	取值原则
聚合组编号	1	建议按照网络规划取值
聚合组名称	NE2_NE5	建议按照网络规划取值
聚合组类型	手工聚合	建议按照网络规划取值
倒换协议	Null	建议按照网络规划取值
倒换模式	被动	建议按照网络规划取值
链路检测协议	Null	建议按照网络规划取值
恢复模式	恢复	建议按照网络规划取值
负载分担类型	非负载分担	建议按照网络规划取值
系统优先级	2000	汇聚核心点的主备状态，是通过链路聚合组的系统优先级来决定的；系统优先级的取值越小，优先级越高； 本例中，NE2 的"系统优先级"规划为 2000，NE5 的"系统优先级"规划为 3000
激光器关断使能状态	使能	建议按照网络规划取值
报文接收模式	双收	建议按照网络规划取值
主单板	虚端口	建议按照网络规划取值
主端口	1(VE-1)	"主端口"为 NE2 的 L2VE 端口

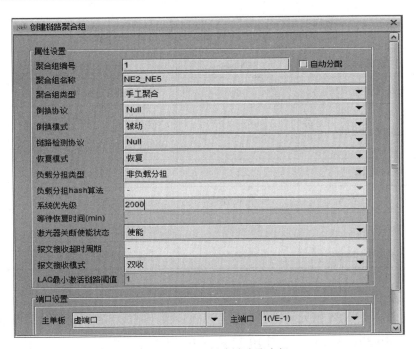

图 10-31　NE2 创建链路聚合组

步骤 4：单击"确定"按钮。

步骤 5：在弹出的确认对话框中，单击"是"按钮。

步骤 6：在"跨设备链路聚合组管理"选项卡，点击"新建"。

步骤 7：在弹出的"创建跨设备链路聚合组"页签，设置"本端链路聚合组 ID"、"对端链路聚合组 ID"、"协议通道 ID"等参数，如图 10-32 及表 10-29 所示。

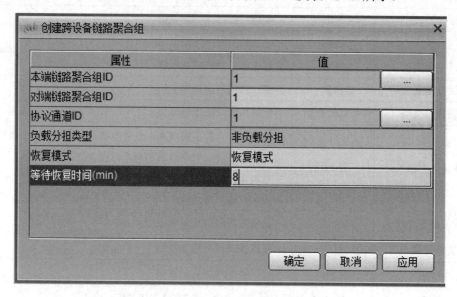

图 10-32　NE2 创建跨设备链路聚合组参数设置

表 10-29　NE2 跨设备链路聚合组参数设置

参 数 项	NE2	取 值 原 则
本端链路聚合组 ID	1	建议按照网络规划取值
对端链路聚合组 ID	1	设置链路聚合组对端网元的聚合组编号。本例中为 NE5 上创建的链路聚合组编号
协议通道 ID	1	建议按照网络规划取值
负载分担类型	非负载分担	建议按照网络规划取值
恢复模式	恢复模式	建议按照网络规划取值
等待恢复时间(min)	8	建议按照网络规划取值

步骤 8：单击"应用"。

步骤 9：进入到 NE5 网元管理器，参考以上步骤，完成链路聚合组和跨设备链路聚合组的配置如表 10-30、表 10-31 及图 10-33 和图 10-34 所示。

表 10-30　NE5 链路聚合组参数设置

参 数 项	NE5	取 值 原 则
聚合组编号	1	建议按照网络规划取值
聚合组名称	NE2_NE5	建议按照网络规划取值
聚合组类型	手工聚合	建议按照网络规划取值
倒换协议	Null	建议按照网络规划取值
倒换模式	被动	建议按照网络规划取值
链路检测协议	Null	建议按照网络规划取值
恢复模式	恢复	建议按照网络规划取值
负载分担类型	非负载分担	建议按照网络规划取值
系统优先级	3000	汇聚核心点的主备状态，是通过链路聚合组的系统优先级来决定的。系统优先级的取值越小，优先级越高。 本例中，NE2 的"系统优先级"规划为 2000，NE5 的"系统优先级"规划为 3000
激光器关断使能状态	使能	建议按照网络规划取值
报文接收模式	双收	建议按照网络规划取值
主单板	虚端口	建议按照网络规划取值
主端口	1(VE-1)	"主端口"为 NE5 的 L2VE 端口

表 10-31　NE5 跨设备链路聚合组参数设置

参 数 项	NE5	取 值 原 则
本端链路聚合组 ID	1	建议按照网络规划取值
对端链路聚合组 ID	1	设置链路聚合组对端网元的聚合组编号。本例中为 NE5 上创建的链路聚合组编号
协议通道 ID	1	建议按照网络规划取值
负载分担类型	非负载分担	建议按照网络规划取值
恢复模式	恢复模式	建议按照网络规划取值
等待恢复时间(min)	8	建议按照网络规划取值

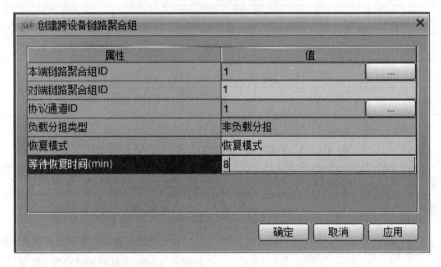

图 10-33　NE5 创建链路聚合组

图 10-34　NE5 创建跨设备链路聚合组

10.5　配置静态 L3VPN 业务及保护

　　本章内容介绍 SGW 为负载分担模式场景，静态 L3VPN 业务、VPN FRR、混合 FRR 和 BFD 的规划和配置。

10.5.1　配置思路

本节介绍静态 L3VPN 解决方案一(SGW 为负载分担模式)中静态 L3VPN 业务、VPN FRR、混合 FRR 和 BFD 的配置思路。

本示例在 NE2、NE3、NE5、NE6 之间部署静态 L3VPN 业务，同时配置 VPN FRR，实现对双归节点的保护。推荐通过配置 10GE 端口的 LFS 功能实现断纤检测，也可以在 NE3 和 NE6 上配置 Link BFD。静态 L3VPN 业务及保护的业务规划如图 10-35 所示。

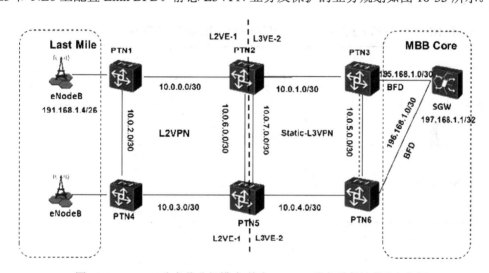

图 10-35　(SGW 为负载分担模式)静态 L3VPN 业务及保护的业务规划

L3 的配置思路如下：

(1) NE2、NE5 上创建 L2 子接口和 L3 子接口。L2 子接口用于 L2 的专线；L3 子接口配置为 VLAN 子接口或 VLAN 汇聚子接口(用于多个不同 VLAN 的 eNodeB 业务接入)，用于静态 L3VPN 业务接入。

(2) 端到端方式创建静态 L3VPN 业务，完成 NE2、NE3、NE5、NE6 上的 VPN 实例创建，绑定创建的子接口、Tunnel 以及对接 SGW 的接口，实现 L3VPN 业务的互通。

(3) 在创建 L3VPN 的过程中,通过人工设置 UPE 和 NPE,网管自动完成节点间的 VPN Peer 创建。

(4) 在创建 L3VPN 的过程中,完成 NE2、NE5 到 eNodeB 的静态路由配置,NE3、NE6 到 MME/SGW 的静态路由配置,用于业务的转发。到对端的路由则由网管自动配置。

(5) 在创建 L3VPN 的过程中，完成 NE2、NE5 到 NE3、NE6 之间需要配置默认路由，用于实现跨 UPE 对间的 X2 业务流量互通。

(6) 在创建 L3VPN 的过程中,完成 NE2、NE5 的 VPN FRR 配置以及 L3VPN 主备 Tunnel 的 APS 保护，实现 L3VPN 网络侧的流量保护。

(7) 在创建 L3VPN 的过程中，完成 NE3、NE6 的混合 FRR 配置，实现 SGW 侧的流量保护。该保护机制 BFD 功能检测触发倒换。

10.5.2 数据规划

配置静态 L3VPN 业务及保护前需要进行数据规划。

静态 L3VPN 业务及 VPN FRR 和混合 FRR 保护的数据规划及 Link BFD 参数规划如表 10-32 和表 10-33 所示。

表 10-32 静态 L3VPN 业务、VPN FRR 和混合 FRR 保护的参数规划

属　　性		说　　明
业务信息(基本属性)	业务名称	Static_L3VPN
	信令类型	静态
	组网类型	自定义
	VRF ID	10
网元列表	UPE	主节点：NE2 从节点：NE5
	NPE	主节点：NE3 从节点：NE6
业务接入接口	接口	NE2：2(2) NE3：16-ETFC-1 NE5：2(2) NE6：16-ETFC-1
	接口 IP/掩码	NE2： 1(2)：191.168.1.1/26 NE3： 16-ETFC-1：195.168.1.1/30 NE5： 2(2)：191.168.1.1/26 NE6： 16-ETFC-1：196.168.1.1/30
VRF 配置		
VPN Peer(NE2-NE3)	方向	双向
	源节点	NE2
	宿节点	NE3
	正向 Tunnel	Tunnel 4
	反向 Tunnel	Tunnel 4
VPN Peer(NE2-NE6)	方向	双向
	源节点	NE2
	宿节点	NE6
	正向 Tunnel	Tunnel 5
	反向 Tunnel	Tunnel 5

续表一

属　　性		说　　明
VPN Peer(NE5-NE3)	方向	双向
	源节点	NE5
	宿节点	NE3
	正向 Tunnel	Tunnel 6
	反向 Tunnel	Tunnel 6
VPN Peer(NE5-NE6)	方向	双向
	源节点	NE5
	宿节点	NE6
	正向 Tunnel	Tunnel 7
	反向 Tunnel	Tunnel 7
VPN Peer(NE3-NE6)	方向	双向
	源节点	NE3
	宿节点	NE6
	正向 Tunnel	Tunnel 8
	反向 Tunnel	Tunnel 8
用户侧静态路由(NE3)	节点名称	NE3
	节点地址	1.0.0.3
	目的 IP 地址	197.168.1.1
	掩码	255.255.255.255
	出接口	16-ETFC-1
	下一跳 IP 地址	195.168.1.2/30
	优先级	30
	是否锁定	否
用户侧静态路由(NE6)	节点名称	NE6
	节点地址	1.0.0.6
	目的 IP 地址	197.168.1.1
	掩码	255.255.255.255
	出接口	16-ETFC-1
	下一跳 IP 地址	196.168.1.2/30
	优先级	30
	是否锁定	否

属　性		说　明
网络侧静态路由		自动计算
VPN FRR 配置(NE2)	源节点名称	NE2
	宿工作节点	NE3
	宿工作 Tunnel	Tunnel 4
	宿工作下一跳	1.0.0.3
	宿保护节点	NE6
	宿保护 Tunnel	Tunnel 5
	宿保护下一跳	1.0.0.6
	倒换恢复时间(分钟)	10
VPN FRR 配置(NE5)	源节点名称	NE5
	宿工作节点	NE3
	宿工作 Tunnel	Tunnel 6
	宿工作下一跳	1.0.0.3
	宿保护节点	NE6
	宿保护 Tunnel	Tunnel7
	宿保护下一跳	1.0.0.6
	倒换恢复时间(分钟)	10
VPN FRR 配置(NE3)	源节点名称	NE3
	宿工作节点	NE2
	宿工作 Tunnel	Tunnel 4
	宿工作下一跳	1.0.0.2
	宿保护节点	NE5
	宿保护 Tunnel	Tunnel 6
	宿保护下一跳	1.0.0.5
	倒换恢复时间(分钟)	2
VPN FRR 配置(NE6)	源节点名称	NE6
	宿工作节点	NE2
	宿工作 Tunnel	Tunnel 5
	宿工作下一跳	1.0.0.2
	宿保护节点	NE5
	宿保护 Tunnel	Tunnel 7
	宿保护下一跳	1.0.0.5
	倒换恢复时间(分钟)	2

表 10-33　Link BFD(NE3、NE6)参数规划

属　性		说　明
BFD(NE3)	会话类型	单跳
	源单板	1
	源端口	1
	宿端口 IP 地址	195.168.1.2/30
	源端口 IP 地址	195.168.1.1/30
BFD(NE6)	会话类型	单跳
	源单板	1
	源端口	1
	宿端口 IP 地址	196.168.1.2/30
	源端口 IP 地址	196.168.1.1/30

10.5.3　配置静态 L3VPN 业务

静态 L3VPN 业务及保护的配置过程如下。

1. 配置对象

静态 L3VPN 业务配置对象为 NE 2、NE3、NE5、NE6。

PTN LTE L3 业务配置 1：1

2. 操作步骤

步骤 1：在主菜单中选择"业务→L3VPN 业务→快速创建
L3VPN 业务",进入"快速创建"界面。

PTN LTE L3 业务配置 N：1

步骤 2：根据规划配置静态 L3VPN 业务的基本属性,如表 10-34 及图 10-36 所示。

表 10-34　业务属性设置

参 数 项	本例中取值	取 值 原 则
业务名称	Static_L3VPN	所创建的业务的名称,全网唯一标识业务
信令类型	静态	静态的信令类型需要指定 VPN Peer,以便节点进行静态路由扩散
组网类型	自定义	自定义:可以根据实际的组网选择更灵活的组网类型
VRF ID	10	根据业务规划设置

属性	值
* 业务名称	Static_L3VPN
信令类型	静态
业务模板	
组网类型	自定义
VRF ID	10
客户	
描述	Static_L3VPN
备注	

图 10-36　L3VPN 基本属性设置

步骤 3：添加 L3VPN 业务的网元。单击"节点"区域的"增加"，在"主节点"和"从节点"下选择相应网元，单击"确定"按钮，分别如表 10-35、图 10-37、图 10-38 及图 10-39 所示。

表 10-35　网元列表设置

参数项(节点角色)	本例中取值(主节点)	本例中取值(从节点)
NPE	NE3	NE6
UPE	NE2	NE5

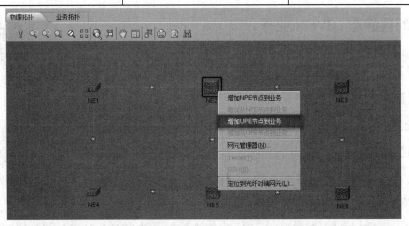

图 10-37　NE2 增加 UPE 节点业务

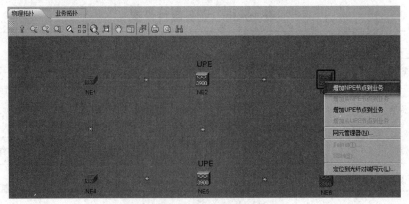

图 10-38　NE3 增加 UPE 节点业务

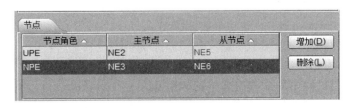

图 10-39　节点增加完成结果

说明:

(1) 本步骤也可以在拓扑节点上右键选择相关菜单添加节点到业务中。

(2) UPE 和 NPE 是网管的逻辑概念,目的是简化静态 L3VPN 的配置。

(3) 通常把 L2 入 L3 的设备定义为 UPE 节点,把连接 SGW/MME 的设备定义为 NPE 节点。

(4) UPE 的主从对应 PW APS 的双归主备节点,NPE 的主从对应 UPE 上 FRR 的主备节点。(如果 L2/L3 节点负载分担基站流量,则该场景不适用)

步骤 4:选择左侧"业务接入接口列表"页签,单击"创建",弹出"添加业务接入接口"对话框,在页面左上角的物理拓扑树中选择需要添加接口的 VRF10,在右侧接口列表中选择需要添加的接口,并配置"IP 地址/掩码",见表 10-36,单击"添加业务接入接口"按钮加入到业务接口列表中,单击"确定"按钮,如图 10-40 及图 10-41 所示。

表 10-36　接口 IP/掩码配置参数

参数项	本例中取值(NE2)	本例中取值(NE3)	本例中取值(NE5)	本例中取值(NE6)
接口	VLAN 汇聚子接口: 2(2)	16-ETFC-1	VLAN 汇聚子接口: 2(2)	16-ETFC-1
接口 IP/掩码	2(2): 191.168.1.1/26	16-ETFC-1: 195.168.1.1/30	2(2): 191.168.1.1/26	16-ETFC-1: 196.168.1.1/30

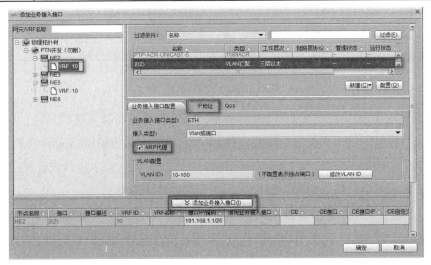

图 10-40　VRF 设置

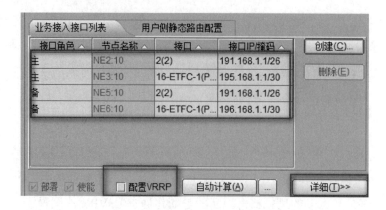

图 10-41 配置 VRRP

说明：

(1) 添加到 eNodeB 方向的业务接入接口，即 VLAN 汇聚子接口时，需要勾选"ARP 代理"。

(2) L3VE 接口采用相同 MAC 相同 IP，需要勾选"配置 VRRP"。

(3) 本例中 SGW/MME 采用主备路由方式与 PTN 网络对接。

步骤 5：点开"详细"按钮，点击"业务接入接口配置→业务接入接口 Qos"页签，修改"默认转发优先级"为 None，"报文标记颜色"为 None，如图 10-42 所示。

VRF	接口	方向			带宽限制			默认转发优先级	报文标记颜色	
NE2:10	2(2)	Ingress	—	—	去使能	—	—	None	None	Null
NE2:10	2(2)	Egress	—	—	去使能	—	—	None	None	Null
NE3:10	16-ETFC-1(Port...	Ingress	—	—	去使能	—	—	None	None	Null
NE3:10	16-ETFC-1(Port...	Egress	—	—	去使能	—	—	None	None	Null
NE5:10	2(2)	Ingress	—	—	去使能	—	—	None	None	Null
NE5:10	2(2)	Egress	—	—	去使能	—	—	None	None	Null
NE6:10	16-ETFC-1(Port...	Ingress	—	—	去使能	—	—	None	None	Null
NE6:10	16-ETFC-1(Port...	Egress	—	—	去使能	—	—	None	None	Null

图 10-42 配置 QOS

步骤 6：(可选)如果在配置 L3VPN 业务前，没有配置业务接入接口，可以在"添加业务接入接口"界面下单击"新建"参数，单击 [...] 按钮，在弹出的页签中单击"新建"，选择"VLAN 子接口"或者"VLAN 汇聚子接口"，新建 VLAN 子接口或者 VLAN 汇聚子接口。由于本示例中已经创建用户侧接口，故无需进行此步骤。

步骤 7：选择"用户侧静态路由配置"页签，配置主备核心节点到 SGW/MME 方向的主备静态路由如表 10-37 及图 10-43 所示。汇聚核心节点到 eNodeB 方向的主静态路由为直连的路由，由网管自动生成备用路由，无需配置。

表 10-37　用户侧静态路由配置参数

参数项	本例中取值(NE3)	本例中取值(NE6)
节点名称	NE3	NE6
目的 IP 地址	SGW/MME 的管理 IP：197.168.1.1	SGW/MME 的管理 IP：197.168.1.1
子网掩码	255.255.255.255	255.255.255.255
出接口	与 SGW/MME 对接的 NE3 接口：16-ETFC-1	与 SGW/MME 对接的 NE6 接口：16-ETFC-1
下一跳 IP 地址	195.168.1.2	196.168.1.2
优先级	30	30
是否锁定	否	否

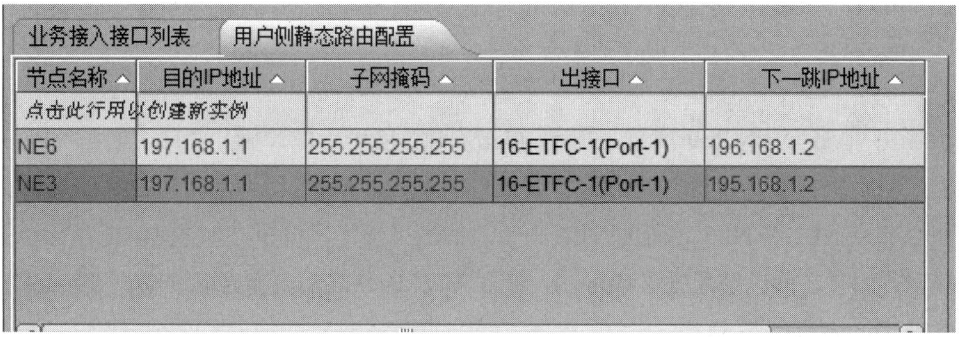

图 10-43　用户侧静态路由配置

步骤 8：配置 VRF 属性，在"节点"区域，选择所有节点，单击"详细"，在右侧界面中选择"VRF 配置"页签，在"基本属性"选项中，将"路由限制→最大路由数"配置为"8192"，如图 10-44 和图 10-45 所示。

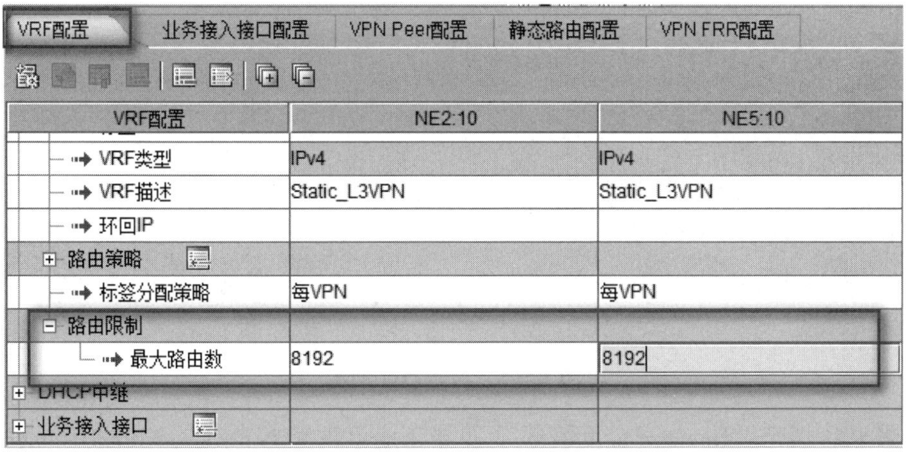

图 10-44　VRF 配置(1)

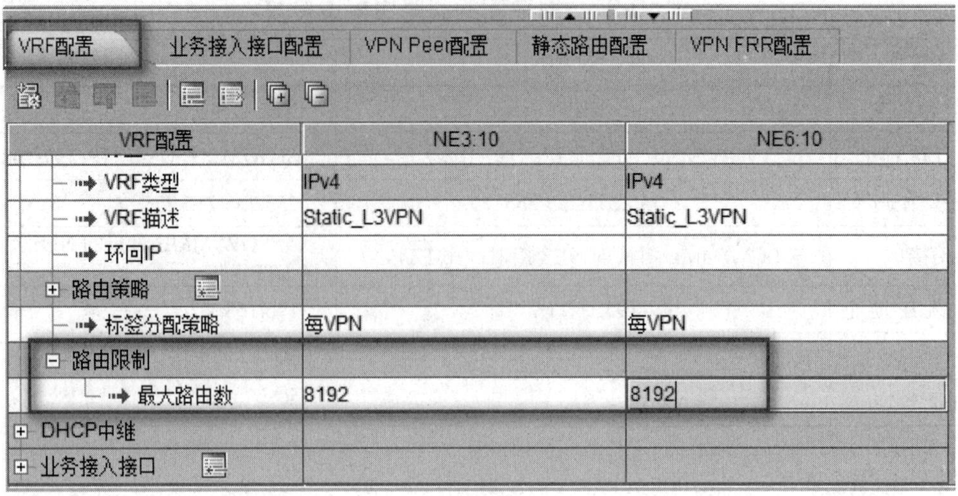

图 10-45　VRF 配置(2)

步骤 9：单击"VPN Peer 配置"页签，单击右侧"自动计算"，弹出"自动创建 VPN Peer"对话框，网管根据配置的静态路由和节点信息生成 Full-Mesh 组网的 VPN Peer，勾选主备汇聚核心节点 NE2 和 NE5 之间的 VPN Peer，单击"确定"按钮，如图 10-46 所示。

提示：如果之前已经配置了 Tunnel，计算 VPN Peer 之后，会自动联动出 Tunnel；需要确认联动 Tunnel 是否正确。

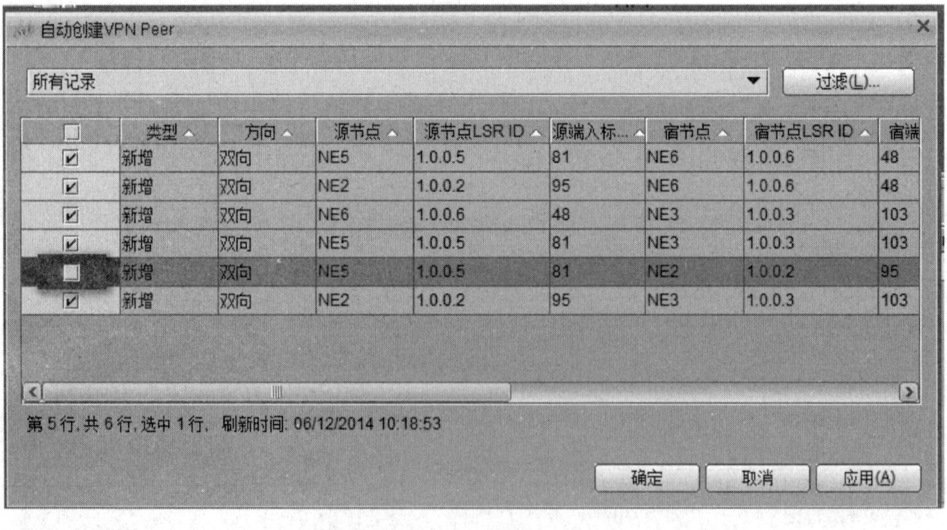

图 10-46　VPN Peer 创建

步骤 10：填充"Tunnel→全量填充"，批量创建承载 VPN Peer 的 MPLS Tunnel。

注意：多链路场景需要确认链路经过端口是否正确，以确保经过链路正确。

(1) MPLS Tunnel 的基本信息见表 10-38。

表 10-38　MPLS Tunnel 基本信息

参 数 项	本例中取值
协议类型	MPLS
信令类型	静态 CR
业务方向	双向
保护类型	1:1 双端倒换

(2) "Tunnel 列表"页签，根据规划值修改 Tunnel 名称。

(3) "Tunnel 列表"页签，选中多条 Tunnel，单击"MPLS OAM→配置 Y.1711 OAM/配置 MPLS-TP OAM"，配置 Tunnel OAM 的参数，如表 10-39、表 10-40 及图 10-48 所示。

表 10-39　MPLS OAM(Y.1711)参数设置

属 性	本例中取值
OAM 状态	使能
检测方式	人工
检测报文类型	FFD
检测报文周期(ms)	10

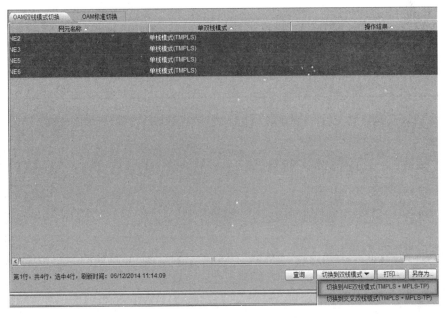

图 10-47　OAM 双栈模式切换

图 10-48　OAM 标准切换

表 10-40　MPLS OAM(Y.1731)参数设置

属　性	本例中取值
OAM 状态	使能
使能发送 CC 报文	使能
CC 报文发送间隔值	10 ms
CC 报文发送优先级	7
使能发送 Lock 报文	去使能
SF 门限值	0
SD 门限值	0
检测方式	人工
GAL 使能状态	使能

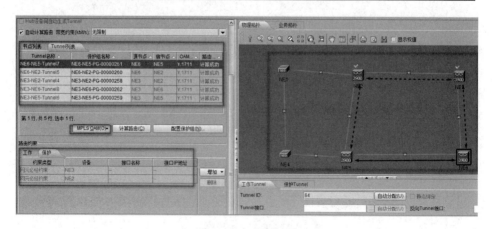

图 10-49　创建结果

(4) 选中多条 Tunnel，单击"配置保护组"，可批量修改保护组参数。

(5) 可选：在"路由约束"区域，选择"工作/保护"页签，单击"增加"，设置 Tunnel 的约束路径；也可单击"批量创建 Tunnel"界面的右上侧的"物理拓扑"页签，选中拓扑中的各网元，单击右键，也可以通过设置约束路径，对 Tunnel 经过的路径调整。

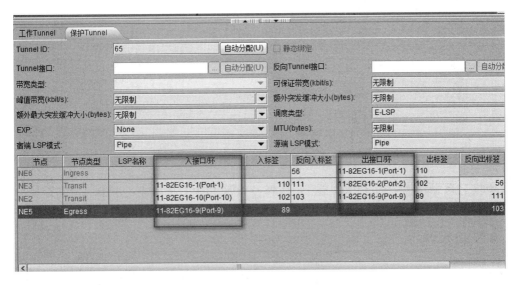

图 10-50　检查出入接口参数

(6) Tunnel 及保护配置完成后，单击"确定"按钮，Tunnel 自动填充到 VPN Peer 里面；全量填充 Tunnel 后，会保留原有 Tunnel 在 Peer 里，需要手工确认是否填充，不填充的需要手工去选择。

VRF配置	业务接入接口配置	VPN Peer配置		静态路由配置	VPN FRR配置							
方向	源节点	源节点LS	源端入标签	宿节点	宿节点LSR ID	宿端入	正向Tunne	正向Tunnel	正向Tunne	反向Tunnel绑定类型	反向Tunnel
点击此行用以创建新实例											
双向	NE5	1.0.0.5	81	NE6	1.0.0.6	48	静态绑定	NE6-NE5-Tunnel7		静态绑定	NE6-NE5-Tunnel7
双向	NE2	1.0.0.2	95	NE6	1.0.0.6	48	静态绑定	NE6-NE2-Tunnel5		静态绑定	NE6-NE2-Tunnel5
双向	NE6	1.0.0.6	48	NE3	1.0.0.3	103	静态绑定	NE3-NE6-Tunnel8		静态绑定	NE3-NE6-Tunnel8
双向	NE5	1.0.0.5	81	NE3	1.0.0.3	103	静态绑定	NE3-NE5-Tunnel6		静态绑定	NE3-NE5-Tunnel6
双向	NE2	1.0.0.2	95	NE3	1.0.0.3	103	静态绑定	NE3-NE2-Tunnel4		静态绑定	NE3-NE2-Tunnel4

图 10-51　检查正反向 Tunnel 参数

步骤 11：选择"静态路由配置→网络侧"页签，单击右侧的"自动计算→所有"，U2000 根据 VPN Peer 关系和用户侧路由自动生成网络侧静态路由，在弹出的"自动扩散静态路由"对话框中，勾选所有新增的静态路由，单击"确定"按钮。

说明：

(1) 面向基站侧不需要配置到基站的路由，采用直连的网段路由即可。

(2) 自动计算网络侧路由，需要确认生成路由的正确性，并确认路由优先级的正确性。

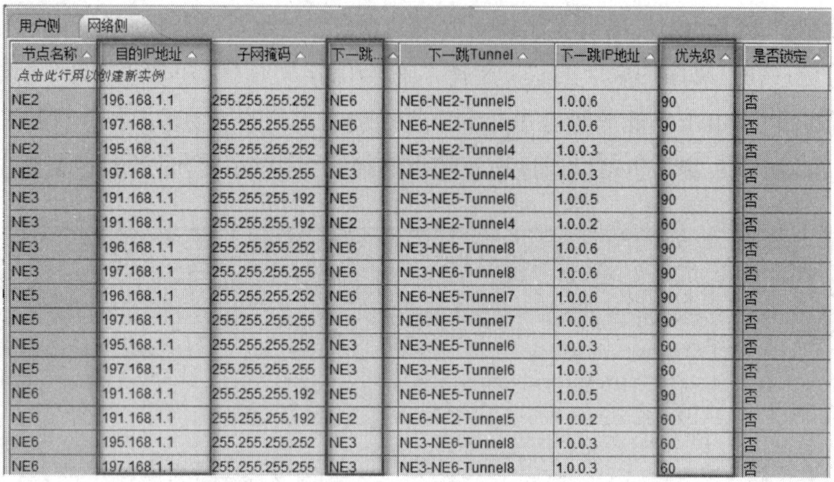

节点名称	目的IP地址	子网掩码	下一跳	下一跳Tunnel	下一跳IP地址	优先级	是否锁定
点击此行用以创建新实例							
NE2	196.168.1.1	255.255.255.252	NE6	NE6-NE2-Tunnel5	1.0.0.6	90	否
NE2	197.168.1.1	255.255.255.255	NE6	NE6-NE2-Tunnel5	1.0.0.6	90	否
NE2	195.168.1.1	255.255.255.252	NE3	NE3-NE2-Tunnel4	1.0.0.3	60	否
NE2	197.168.1.1	255.255.255.255	NE3	NE3-NE2-Tunnel4	1.0.0.3	60	否
NE3	191.168.1.1	255.255.255.192	NE5	NE3-NE5-Tunnel6	1.0.0.5	60	否
NE3	191.168.1.1	255.255.255.192	NE3	NE3-NE2-Tunnel4	1.0.0.2	60	否
NE3	196.168.1.1	255.255.255.252	NE6	NE3-NE6-Tunnel8	1.0.0.6	90	否
NE3	197.168.1.1	255.255.255.255	NE6	NE3-NE6-Tunnel8	1.0.0.6	90	否
NE5	196.168.1.1	255.255.255.252	NE6	NE6-NE5-Tunnel7	1.0.0.6	90	否
NE5	197.168.1.1	255.255.255.255	NE6	NE6-NE5-Tunnel7	1.0.0.6	90	否
NE5	195.168.1.1	255.255.255.252	NE3	NE3-NE5-Tunnel6	1.0.0.3	60	否
NE5	197.168.1.1	255.255.255.255	NE3	NE3-NE5-Tunnel6	1.0.0.3	60	否
NE6	191.168.1.1	255.255.255.192	NE5	NE6-NE5-Tunnel7	1.0.0.5	60	否
NE6	191.168.1.1	255.255.255.192	NE3	NE3-NE6-Tunnel8	1.0.0.2	60	否
NE6	195.168.1.1	255.255.255.252	NE3	NE3-NE6-Tunnel8	1.0.0.3	60	否
NE6	197.168.1.1	255.255.255.255	NE3	NE3-NE6-Tunnel8	1.0.0.3	60	否

图 10-52　检查 IP 地址、优先级

步骤 12：单击"VPN FRR 配置"，选择"VPN FRR"选项卡；单击"自动计算"，弹出"自动创建 VPN FRR"对话框，勾选网管自动生成的 VPN FRR 路径，单击"确定"按钮，如图 10-53 所示。

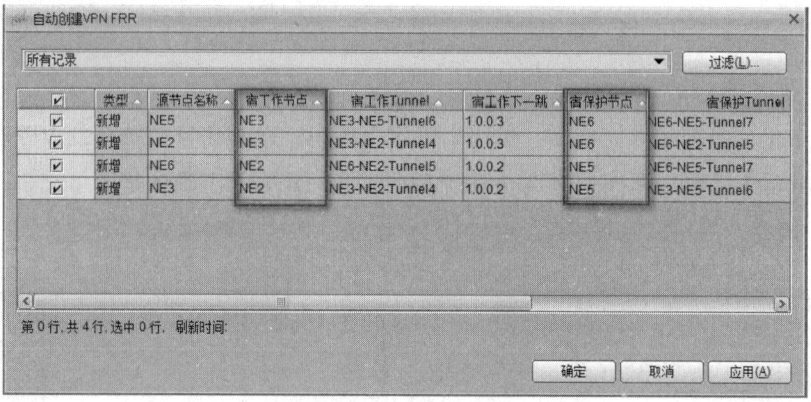

图 10-53　"自动创建 VPN FRR"对话框

步骤 13：在生成的 VPN FRR 列表中，修改各条 VPN FRR 路由的"倒换恢复时间(s)"为"600"，如图 10-54 所示。

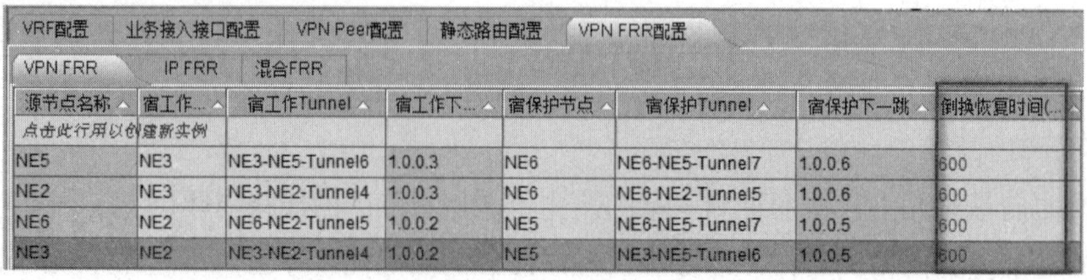

图 10-54　检查 VPN FRR 参数

步骤 14：单击"VPN FRR 配置"，选择"混合 FRR"选项卡，单击"自动计算"，弹出"自动创建混合 FRR"对话框，勾选网管自动生成的混合 FRR 路径，单击"确定"按钮。

提示：部分特殊组网场景下，如果网管自动计算没有计算出结果，可以手工配置混合 FRR。

步骤 15：在生成的混合 FRR 列表中，修改各条混合 FRR 路由的"倒换恢复时间(s)"为"0"，检查自动计算的结果是否包含了到 MME/SGW/OMC 的保护，如图 10-55 所示。如果地市 PTN 与 SGW/省干对接有多条链路(无论是否配置 Lag 进行负载分担)，需要对应配置多条混合 FRR，每条混合 FRR 的"宿保护 Tunnel"分别为对应每个网络侧链路上配置的 Tunnel。

VRF配置	业务接入接口配置	VPN Peer配置	静态路由配置	VPN FRR配置		
VPN FRR	IP FRR	混合FRR				
源节点名称	宿工作业务接入接口	宿工作下一跳	宿保护节点	宿保护Tunnel	宿保护...	倒换恢复
点击此行用以创建新实例						
NE6	16-ETFC-1(Port-1)	196.168.1.2	NE3	NE3-NE6-Tunnel8	1.0.0.3	0
NE3	16-ETFC-1(Port-1)	195.168.1.2	NE6	NE3-NE6-Tunnel8	1.0.0.6	0

图 10-55　混合 FRR 参数

步骤 16：单击"确定"按钮，完成 L3VPN 业务的快速创建。

10.5.4　检查配置结果(L3VPN)

当 L3VPN 业务配置完成后，通过"测试与检查"功能可以检测 L3VPN 业务的连通性。

1. 检查对象

已部署的 L3VPN 业务 Static_L3VPN。

2. 操作步骤

步骤 1：在主菜单中选择"业务→L3VPN 业务→L3VPN 业务管理"，弹出"过滤条件"对话框，根据需要设置过滤条件，然后单击"过滤"，查询结果区显示所有符合条件的业务。

步骤 2：选择待诊断的 L3VPN 业务，单击右键选择"测试与检查"。

步骤 3：在"诊断选项"页签中，选中"VRF Ping"，如图 10-56 所示。

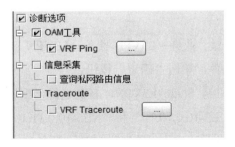

图 10-56　诊断选项

步骤 4：单击 VRF Ping 的▢▢按钮，设置 LSP Ping 的高级参数，如图 10-57 所示。将"正向"的"应答模式"设置为"无回应"。单击"确定"按钮。

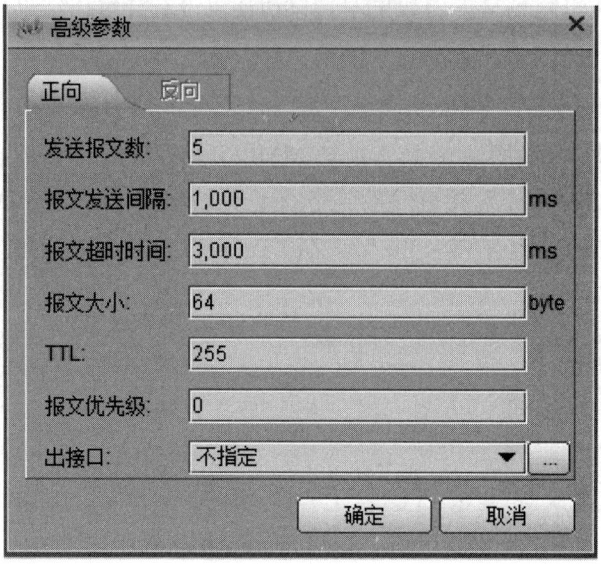

图 10-57　诊断参数设置

步骤 5：单击"运行"按钮。

步骤 6：等待几秒钟后，在"检查结果"页签中，显示操作结果，单击"详细信息"下的▢▢按钮，查看检查结果。

PTN Tunnel 通信测试

10.5.5　端到端方式配置 Link BFD(NE3、NE6)

在 NE3 和 NE6 上配置 Link BFD，检测与 SGW/MME 之间链路的单纤故障。本节介绍 Link BFD 端到端方式配置过程。

1. 配置对象

端到端方式 Link BFD 的配置对象为 NE3、NE6。

2. 操作步骤

步骤 1：在主菜单中选择"业务→L3VPN 业务→L3VPN 业务管理"，弹出"过滤条件设置"对话框，设置过滤条件，单击"确定"按钮。

步骤 2：静态 L3VPN 业务 Static_L3VPN，右键选择"配置 BFD"，单击"新建"，分别选择 BFD 检测路径为"NE3-10.0.10.10"和"NE6-10.0.11.10"。

步骤 3：单击"配置"，设置"检测对象"等 BFD 会话参数，如图 10-58 及表 10-41 所示。

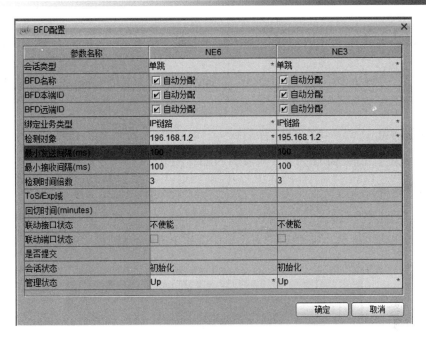

图 10-58　BFD 配置

表 10-41　BFD 参数表

参数说明	NE3	NE6	备 注
会话类型	单跳	单跳	单跳：建立用于直连链路的 BFD 会话； 多跳：建立用于多段链路的 BFD 会话
BFD 名称	自动分配	自动分配	根据网络规格设置
BFD 本端 ID	自动分配	自动分配	根据网络规格设置
BFD 远端 ID	自动分配	自动分配	根据网络规格设置
绑定业务类型	IP 链路	IP 链路	根据网络规格设置
IP 绑定类型	指定 IP 地址	指定 IP 地址	根据网络规格设置
远端 IP	195.168.1.2	196.168.1.2	根据网络规格设置
出接口	16-ETFC-1	16-ETFC-1	根据网络规格设置
本端 IP	195.168.1.1	196.168.1.1	根据网络规格设置
最小发送/接收间隔 (ms)	100	100	根据网络规格设置，要和对端 SGW/MME 的 BFD 报文检测周期一致
检测时间倍数	3	3	根据网络规格设置，要和对端 SGW/MME 的 BFD 检测时间倍数一致

步骤 4：单击"确定"按钮。

10.5.6 单站方式配置 Link BFD(NE3、NE6)

在静态 L3VPN 方案中，NE3 和 NE6 与 MME/SGW 之间的 Link BFD 的单站方式配置过程如下。

1. 配置对象

单站方式配置 Link BFD 的配置对象为 NE3、NE6。

2. 操作步骤

步骤 1：进入 NE3 的网元管理器，在功能树中选择"配置→BFD 管理→BFD"。

步骤 2：单击"新建"，在弹出的对话框中配置 BFD 会话的相关参数，如图 10-59 及表 10-42 所示。

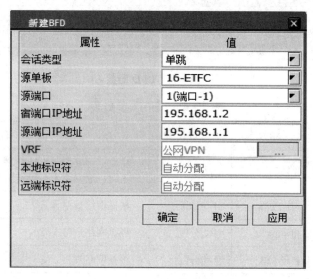

图 10-59 BFD 会话的相关参数

表 10-42 NE3 会话参数表

参数说明	NE3	备 注
会话类型	单跳	单跳：建立用于直连链路的 BFD 会话 多跳：建立用于多段链路的 BFD 会话
源单板	16-ETFC	根据网络规格设置
源端口	1(端口-1)	根据网络规格设置
宿端口 IP 地址	195.168.1.2	根据网络规格设置
源端口 IP 地址	195.168.1.1	根据网络规格设置

找到刚新建的 BFD，修改最小发送/接收间隔见表 10-43。

表 10-43　发送/接收间隔

报文本端发送间隔/ms	报文本端接收间隔/ms	报文本端探测倍数
100	100	3

步骤 3：单击"确定"按钮。

步骤 4：参考上述步骤，进入 NE6 网元管理器，配置 NE6 上的 BFD 会话。

表 10-44　NE6 会话参数表

参数说明	NE6	备　注
会话类型	单跳	单跳：建立用于直连链路的 BFD 会话； 多跳：建立用于多段链路的 BFD 会话
源单板	16-ETFC	根据网络规格设置
源端口	1(端口-1)	根据网络规格设置
宿端口 IP 地址	196.168.1.2	根据网络规格设置
源端口 IP 地址	196.168.1.1	根据网络规格设置

找到刚新建的 BFD，修改最小发送/接收间隔为 100 ms。

10.5.7　配置混合 FRR 跟踪 BFD 状态

在静态 L3VPN 方案中，混合 FRR 跟踪 NE3 和 NE6 的 Link BFD 状态的配置过程如下。

1．前提条件

已了解示例的组网与需求及业务规划，并已经配置 Link BFD。

2．操作步骤

步骤 1：在主菜单中选择"业务→L3VPN 业务→L3VPN 业务管理"，弹出"过滤条件设置"对话框，设置过滤条件，单击"确定"按钮。

步骤 2：选择已经创建的静态 L3VPN 业务 Static_L3VPN，单击"修改"。

步骤 3：在弹出的"修改 L3VPN 业务"页签中，单击"详细信息"，选择"VPN FRR 配置"选项卡，在"混合 FRR"页签中，分别选择主备核心节点上各条混合 FRR 的主备路径，配置"跟踪类型"为"BFD 索引"。

步骤 4：单击"BFD 索引"参数域的 ┄┄ 按钮，分别选择 NE3 和 NE6 上已经配置 BFD 会话，如图 10-60 所示。

VPN FRR	IP FRR	混合FRR						
源 △	宿工作业务接入... △	宿工作下... △	宿保护节点 △	宿保护Tunnel △	宿保... △	倒换恢复时间(秒) △	跟踪类型 △	BFD索引 △
点击此行用以创建新实例								
NE3	16-ETFC-1(Port-1)	195.168.1.2	NE6	NE3-NE6-Tunnel8	1.0.0.6	0	BFD索引	1
NE6	16-ETFC-1(Port-1)	196.168.1.2	NE3	NE3-NE6-Tunnel8	1.0.0.3	0	BFD索引	1

图 10-60　混合 FRR 参数

步骤 5："确定"按钮。

10.6　配置 E-Line 业务及保护

本章内容介绍 E-Line 业务以及保护的规划和配置。

10.6.1　配置思路

介绍 LTE 场景 VLL 方案(E-Line 业务+静态 L3VPN 业务)中 E-Line 业务及保护的配置思路。

本示例以在 NE1、NE2、NE5 之间部署 E-Line 业务和 MC-PW APS 保护为例，介绍 E-Line 业务及保护的配置思路。E-Line 业务及保护的业务规划如图 10-61 所示。

E-Line 业务及保护通过配置 PWE3 业务实现。

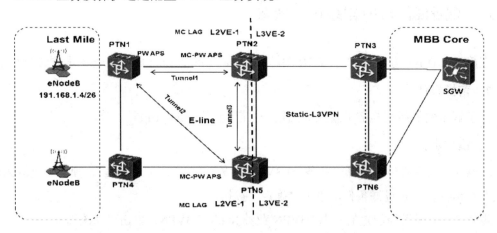

图 10-61　E-Line 业务及保护的业务规划

E-Line 业务及保护规划如下：

(1) 在 NE1、NE2 和 NE5 之间配置 E-Line 业务。

(2) 在 NE1 上配置 MC-PW APS 保护，双归到两个双归网元 NE2 和 NE5。

(3) 将 NE2、NE5 上的 L2VE 接口绑定为 E-Line 业务的 UNI 接口。

(4) 在 NE2 和 NE5 之间配置 DNI-PW，用于 PW 的流量绕行。

10.6.2　数据规划

配置 E-Line 业务及 MC-PW APS 保护前需要进行数据规划。

E-Line 业务及 MC-PW APS 保护的数据规划，如表 10-45 所示。

表 10-45　E-Line 业务及 MC-PW APS 保护的参数规划

属　　性		说　　明
基本属性	业务类型	ETH
	业务 ID	自动分配
	业务名称	E-Line
	保护类型	PW APS 保护
	配置 BFD	不使能(PTN 设备不支持该参数)
网元列表(一源两宿)	节点名称	NE1、NE2、NE5
	节点角色	源：NE1 工作宿：NE2 保护宿：NE5
	业务接入接口	NE1：4-EF8T-1 NE2：1(L2VE-1) NE5：1(L2VE-1)
PW 配置(NE1-NE2)	源节点	NE1
	宿节点	NE2
	PW ID	10
	信令类型	静态
	Tunnel 绑定类型	静态绑定
	Tunnel	Tunnel 1
	封装类型	MPLS
	PW 类型	以太
	控制字	优先使用
	控制通道类型	CW
	VCCV 校验模式	Ping
	带宽限制	去使能
	EXP	None
	LSP 模式	uniform
PW 配置(NE1-NE5)	源节点	NE1
	宿节点	NE5
	PW ID	11
	信令类型	静态

续表

属　性		说　明
PW 配置(NE1-NE5)	Tunnel 绑定类型	静态绑定
	Tunnel	Tunnel 2
	封装类型	MPLS
	PW 类型	以太
	控制字	优先使用
	控制通道类型	CW
	VCCV 校验模式	Ping
	带宽限制	去使能
	EXP	None
	LSP 模式	uniform
PW 配置(NE2-NE5)	源节点	NE2
	宿节点	NE5
	PW ID	12
	信令类型	静态
	Tunnel 绑定类型	静态绑定
	Tunnel	Tunnel 3
	封装类型	MPLS
	PW 类型	以太
	控制字	优先使用
	控制通道类型	CW
	VCCV 校验模式	Ping
	带宽限制	去使能
	EXP	None
	LSP 模式	uniform
业务参数	BPDU 专用业务	否
	MTU	1500
	业务分界标签	User
	PW 双收	去使能
	ARP 双发	去使能
保护参数	保护类型	保护组
	保护组 ID	自动分配
	保护模式	1:1
	APS 使能	使能
	倒换模式	双端倒换
	恢复模式	恢复模式
	倒换恢复时间(min)	5
	倒换延迟时间(100ms)	0

10.6.3　配置 E-Line 业务

本节介绍在 LTE 场景 VLL 方案(E-Line 业务+静态 L3VPN 业务)中，E-Line 业务与 MC-PW APS 保护的配置过程。

1．配置对象

E-Line 业务的配置对象为 NE1、NE2、NE5。

PTN PW3 无保护业务配置　　　　　PTN PW3 带保护业务配置

2．操作步骤

步骤 1：在主菜单中选择"业务→PWE3 业务→创建 PWE3 业务"。

步骤 2：配置网络侧的 MC-PW APS 保护。

(1) 在业务的基本属性中，设置"保护类型"为"PW APS 保护"。

(2) 在"节点列表"区域中，选中"一源两宿"，配置一个非双归节点 NE1 与两个主用双归节点 NE2 和 NE5(正常工作时收发业务的双归节点 NE2 由 NE5 提供双归保护)，其中保护类型为"PW APS 保护"，业务名称根据规划设置，如图 10-62 所示。

属性	值
业务模板	
业务类型	ETH
业务ID	自动分配
业务名称	E-Line
保护类型	PW APS保护
配置BFD	不使能
描述	E-Line
客户	

节点列表：
◉ 一源两宿　○ 两源一宿　○ 一源一宿

图 10-62　保护参数设置

(3) 在接入侧网元上点击右键选择"选择源"，在弹出的界面中选择与基站对接的端口，输入 VLAN ID，其他参数默认，如图 10-63 和图 10-64 所示。

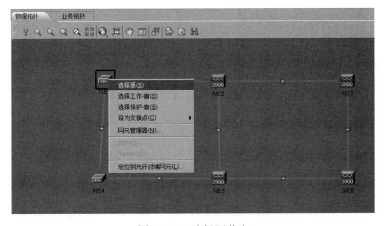

图 10-63　选择源节点

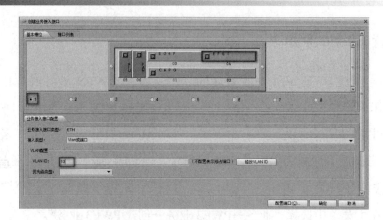

图 10-64 创建源节点业务接入接口

(4) 在主 L2/L3 的网元上点击右键选择"选择工作-宿",在弹出的界面中点击"接口列表"页签,找到对应 L2VE 接口,输入 VLAN ID,其他参数默认,如图 10-65 和图 10-66 所示。

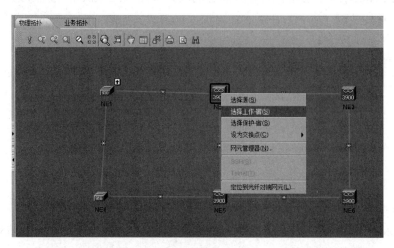

图 10-65 选择宿节点

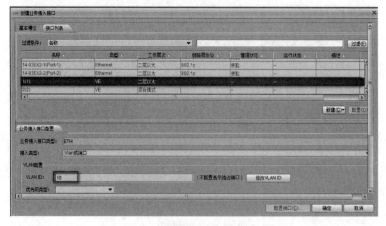

图 10-66 创建宿节点业务接入接口

(5) 在备 L2/L3 的网元上点击右键选择"选择保护-宿",在弹出的界面中点击"接口列表"页签,找到对应 L2VE 接口,输入 VLAN ID,其他参数默认,如图 10-67 和图 10-68 所示。

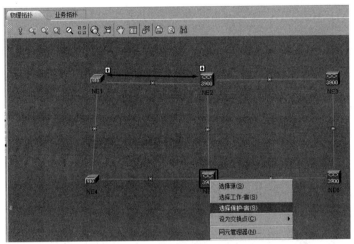

图 10-67　选择保护宿节点

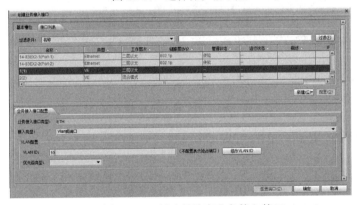

图 10-68　创建保护宿业务接入接口

(6) 点击左下角"批量创建 Tunnel→全量",如图 10-69 所示。

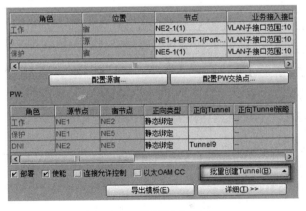

图 10-69　批量创建 Tunnel

(7) 在"批量创建 Tunnel"界面中，设置"信令类型"为"静态 CR"，"业务方向"为"双向"，"保护类型"为"无保护"，点击"确定"按钮，如图 10-70 所示。Tunnel 创建完成后会自动与 PW 绑定。

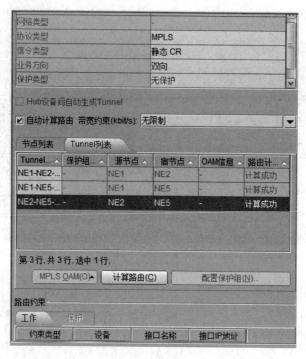

图 10-70　Tunnel 配置

(8) 单击"详细"按钮，单击"PW 高级参数"选项卡，设置 PW 高级参数，如表 10-46 及图 10-71 所示。

表 10-46　PW 高级参数设置

参 数 项	本例中取值	取 值 原 则
PW 类型	以太	建议按照网络规划取值
控制字	优先使用	建议按照网络规划取值
控制通道类型	CW	建议按照网络规划取值
VCCV 校验模式	Ping	建议按照网络规划取值

CE	业务接入接口QoS	PW QoS	PW高级参数		业务参数	保护参数	
PW路径	方向	源PW类型	宿PW类型	控制字	控制通道类型	VCCV校验模式	
工作(NE1<--->NE2)	双向	以太	以太	优先使用	CW	Ping	
保护(NE1<--->NE5)	双向	以太	以太	优先使用	CW	Ping	
DNI(NE2<--->NE5)	双向	以太	以太	优先使用	CW	Ping	

图 10-71　PW 高级参数设置

(9) 可选：单击"配置 MPLS OAM(Y.1711)"按钮，根据规划配置 PW OAM 参数，见表 10-47，点击"确定"按钮。

说明：只需配置一条 PW 的 OAM 参数即可，U2000 会将该条 PW OAM 的参数同步到其他 PW。

表 10-47　MPLS OAM(Y.1711)参数设置

属　　性	本例中取值	取　值　原　则
OAM 状态	使能	建议按照网络规划取值
检测方式	人工	建议按照网络规划取值
检测报文类型	FFD	建议按照网络规划取值
检测报文周期(ms)	10	建议按照网络规划取值

(10) 可选：单击"配置 MPLS-TP OAM(Y.1731)"，在弹出的"配置 MPLS-TP OAM"对话框中，单击"添加"，将 PW 路径添加到 MEG 中，根据规划配置 PW OAM 参数，点击"确定"按钮。MEP 和 RMEP 参数要求配置一致。参考工作 PW，配置保护和 DNI PW 的 OAM 参数。

表 10-48　MPLS OAM(Y.1731)参数设置

属　　性	本例中取值
OAM 状态	使能
使能发送 CC 报文	使能
CC 报文发送间隔值	10 ms
CC 报文发送优先级	7
使能发送 Lock 报文	去使能
SF 门限值	0
SD 门限值	0
检测方式	人工
GAL 使能状态	使能

(11) 单击"PW QoS"选项卡，设置 PW QoS 参数。

表 10-49　PW QoS 参数设置

参　数　项	本例中取值	取　值　原　则
带宽限制	去使能	建议按照网络规划取值
EXP	None	建议按照网络规划取值
LSP 模式	uniform	建议按照网络规划取值

(12) 单击"业务参数"选项卡，设置业务参数见表 10-50。

表 10-50 业务参数设置

参 数 项	本例中取值	取 值 原 则
BPDU 专用业务	否	建议按照网络规划取值
MTU	1500	建议按照网络规划取值
业务分界标签	User	建议按照网络规划取值
主备 PW 双收	去使能	改为去使能
ARP 双发	去使能	改为去使能

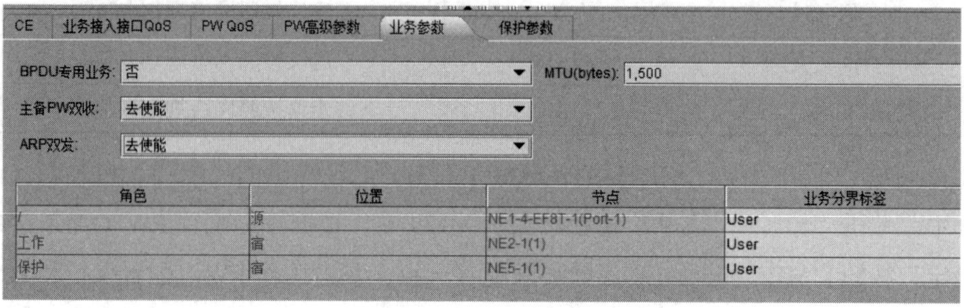

图 10-72 业务参数配置

(13) 单击"保护参数"选项卡，设置保护参数见表 10-51。

表 10-51 保护参数设置

参 数 项	本例中取值	取 值 原 则
保护类型	保护组	建议按照网络规划取值
保护组 ID	自动分配	建议按照网络规划取值
保护模式	1：1	建议按照网络规划取值
APS 使能	使能	建议按照网络规划取值
倒换模式	双端倒换	建议按照网络规划取值
恢复模式	恢复模式	建议按照网络规划取值
倒换恢复时间(min)	3	建议按照网络规划取值
倒换延迟时间(100 ms)	0	建议按照网络规划取值

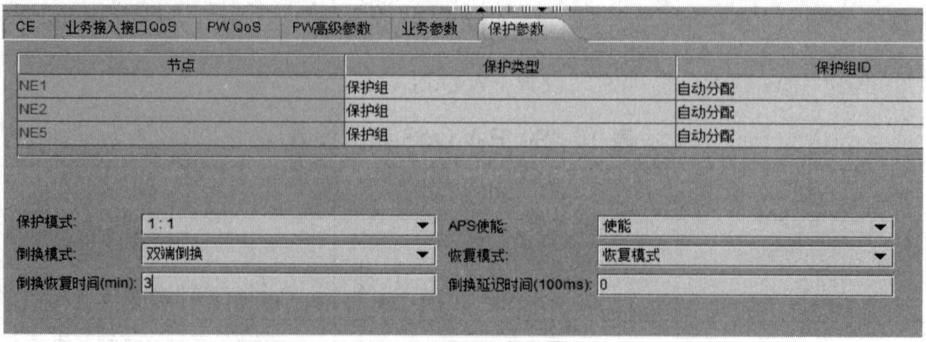

图 10-73 保护参数检查

步骤 3：单击"应用"。

10.7 模拟测试端到端 LTE 业务

PTN PW3 业务测试

使用两台交换机分别模拟 LTE 基站(eNB)、SGW，执行 LTE 业务测试。

使用交换机 SW1 模拟基站，参考配置如下：(本例假设基站侧 IP 为：191.168.1.4/26)

```
<Quidway>system-view
Enter system view, return user view with
[Quidway]sysname eNB
[eNB]vlan 10
[eNB]interface Vlanif 10
[eNB-Vlanif10]ip address 191.168.1.4 26
[eNB]interface GigabitEthernet 0/0/24
[eNB-GigabitEthernet0/0/24]port link-type trunk
[eNB-GigabitEthernet0/0/24]port trunk allow-pass vlan all
```

交换机 SW2 模拟 SGW，其中 loopback0:197.168.1.1/32 为 SGW 的逻辑 IP。参考配置如下：

```
<Quidway>system-view
Enter system view, return user view with
[Quidway]sysname sGW
[SGW]vlan 3
[SGW]vlan 4
[SGW]interface Vlanif 2
[SGW-Vlanif32]ip address 195.168.1.2 255.255.255.192
[SGW]interface Vlanif 3
[SGW-Vlanif3]ip address 196.168.1.2 255.255.255.192
[SGW]interface LoopBack 0
[SGW-LoopBack0]ip address 197.168.1.1 32
[SGW]interface GigabitEthernet 0/0/1
[SGW-GigabitEthernet0/0/1]port link-type access
[SGW-GigabitEthernet0/0/1]port default vlan 2
[SGW]interface GigabitEthernet 0/0/2
[SGW-GigabitEthernet0/0/2]port link-type access
[SGW-GigabitEthernet0/0/2]port default vlan 3
[SGW]ip route-static 0.0.0.0 0.0.0.0 195.168.1.1 preference 50
[SGW]ip route-static 0.0.0.0 0.0.0.0 196.168.1.1 preference 90
```

参 考 文 献

[1] 李建强. PTN 在城域传送网中的应用研究[D]. 2012(10).

[2] 白杨鹏程. PTN 在城域传送网中的组网与应用[J]. 信息通信，2013(7).

[3] 胡子健. SDH、WDM、PTN 在移动通信中的应用研究[J]. 通讯世界，2015(10).

[4] 杨新州. 北京联通 3G 城域网中 PTN 技术应用的研究[D]. 2010.

[5] 徐中伟，朱佳琪. PTN 组网应用探讨. 硅谷，2013(18).

[6] 陈林. PTN 技术在传输网络中的应用研究. 信息通信，2015(10).

[7] 范均. PTN 在常熟电信接入层网络中的应用. 硕士论文，2012(13).

[8] 张维奎. PTN 城域传输网建设策略探讨. 电信网技术，2012(02).

[9] 常红. 浅谈 MSTP 应用及技术演进. 通讯世界，2012(07).

[10] 王晓光. PTN 技术及其在城域传送网中规划应用的研究. 硕士. 2011(05).

[11] 周恒. PTN 技术在城域网中的应用研究. 硕士. 2013(08).

[12] 王威. OTN/PTN 技术在 3G 传输网络中的应用研究. 硕士. 2013(12).

[13] 林观兴. PTN 组网在集团专线中的应用. 2014(09).

[14] 王飞，代建壮. 城域波分中 PTN/OTN 技术的应用分析. 信息技术与信息化，2015(04).

[15] 罗红艳. QoS 技术在保障 PTN 传输网络安全方面的研究. 信息通信，2013(01).

[16] 杨义荔，李慧敏，文化. PTN 技术. 北京：人民邮电出版社，2014.

[17] 王晓义，李大为，田君. PTN 网络建设及其应用. 北京：人民邮电出版社，2010.

[18] 王元杰，杨宏博，方遒铿，等. 电信网新技术 IPRAN\PTN. 北京：人民邮电出版社，2014.

[19] 王碧芳，杜玉红. 光传输网络和设备：SDH 与 PTN. 成都：成都西南交大出版社，2017.